RE-GENERATION FOR NEW-GENERATION

새로운 세대를 위한 도시재생

RE ——— 새로운 세대를 위한 도시재생 GENERATION FOR NEW – GENERATION

우리 국토 · 정책 시리즈 10

박정은 · 임상연 · 김태영 · 김유란 · 박성경

KRIHS 국토연구원

차례

03

「도시재생」과 「도시정비」는 함께 할 수 있는가?

04

젠트리피케이션의 득과 실
자연스러운 현상 vs. 경계해야 할 현상

05

주민주도 도시재생사업의 오해와 진실

기획의 글

법제정을 위한 준비작업이 한창이던 도시재생이 시작된 2010년대 초반을 돌이켜보면 도시재생을 둘러싼 다양한 견해가 존재했다. 그중에서도 선진 해외의 사례에서와 같이 도시재생은 도시 자체가 완전히 쇠퇴하고 지가가 폭락할 때 추진해야 한다는 입장과 도심이 완전히 폐허화되기 전에 도시경쟁력을 되찾을 수 있도록 공공의 지원을 통한 촉매가 필요하다는 입장이 명확히 갈렸다. 또한 재개발과 재건축을 선호하는 입장에서는 도시재생사업은 시간만 늦추는 것일 뿐 결국에는 전면 철거형 개발은 필수적이라는 입장도 존재했다.

그리고 도시재생사업을 추진한 지 10년이 지난 현시점에도 마찬가지로 간명하게 한 방향으로 정리하기 어려운 이슈가 여전히 존재한다. 도시재생을 둘러싸고 대립된 의견이 존재하는 대표적인 이슈는 다음과 같이 다섯 가지를 들 수 있다. 첫째, 도시재생과 도시정비 간 관계, 둘째, 도시재생사업은 공공주도 사업인가라는 정체성, 셋째, 도시재생사업과 젠트리피케이션과의 관계, 넷째, 주민참여의 본질과 지향점 등이다. 그리고 마지막으로 새로운 이슈로 도시재생과 출산율과의 관계 등을 들 수 있다.

이 책에서는 찬성과 반대의 입장이 공존하는 다섯 가지 도시재생 관련 이슈에 대해 종합적으로 살펴봄으로써 더 나은 미래 도시재생정책과 사업을 추진하는 데 있어 고려해야 할 사항, 정책방향의 재정립이 필요한 사항 등을 되짚어 보고자 하였다. 물론 여기서 논하고자 하는 5가지 이슈에 대한 주장들은 정답이 정해져 있지 않다. 그렇기 때문에 이 책에서는 하나의 주장을 정해두고 논리적으로 설명을 풀어나가는 방식 대신, 두 가지의 대립되는 주장을 명확히 제시하고 각각의 주장을 펼치는 논리적 근거, 사례 등을 대비시켜 제시함으로써 독자들이 각각의 주장에 대해 종합적으로 이해하고 판단하게끔 유도할 수 있도록 구성하려고 노력하였다.

물론 다섯 가지 이슈 중에 출산율과 같은 이슈는 정답은 정해져 있지 않고 지금까지 고려해 온 이슈는 아니지만 앞으로는 도시재생정책과 사업을 추진함에 있어 고려할 필요성이 있음을 제기하고자 하였다. 출산율 이슈 역시 다른 이슈와 마찬가지로 반대의 입장도 분명히 존재한다. 어떤 점에서 도시재생과 출산율 제고와의 관계가 성립되기 어려운지, 관련 현황, 추진 사례 등을 통해 살펴보는 기회가 될 것으로 기대한다.

이 책을 통해 첨예하게 의견이 대립되는 다섯 가지 이슈에 대해 종합적으로 살펴봄으로써 향후 우리가 도시재생정책과 사업을 추진해 나갈 때 무엇을 사전에 고려해야 하는지, 정책 방향은 어떻게 설정하는 것이 필요한지 화두를 던지고자 하였다. 정답이 정해져 있지는 않지만, 그렇기 때문에 이 책이 도시재생정책과 사업은 어떤 비전과 목적을 가지고 어떤 입장에서 정책을 추진해 나가는 것이 필요한지를 판단할 수 있도록 기초 자료로 활용될 수 있을 것으로 보았다.

어쩌면 도시재생사업의 현장에서 시시각각 부딪히게 되는 이슈일 수도 있고, 현장에서 드러나지 않지만 정책과 사업을 추진하는 입장에서는 끊임없이 고민이 되는 사안일 수도 있다. 그리고 다섯 가지 이슈는 특별하다기 보다는 우리가 모두 알고 있는 잘 알려진 이슈이기도 하다. 이러한 이슈를 다시금 되짚어봄으로써 우리가 추진하고자 하는 도시재생정책의 정체성을 재정립하고 향후 10년을 대비하는 새로운 시대의 도시재생을 준비하는 계기가 되기를 바란다.

잘 알고 있는 친숙한 이슈이기에 글을 작성한다는 것이 쉬울 것 같으면서도 전문가마다의 시각 차이로 하나의 답을 내리기 어려운 주제에 대해 다시 한번 정리해보자는 것이 이 책을 시작하게 된 계기였다. 미래의 도시재생을 그려나가는 것은 전혀 새로운 참신한 방향이 추가되는 것도 필요하지만 10년 동안 계속 따라다닌, 즉 가장 근간이 되는 질문부터 차근히 살펴보는 것이 우선이라는 판단이었다. 비록 집필진이 명쾌한 정답을 제시해 주기는 어렵더라도 왜 이러한 시각이 존재하는지 배경과 근거에 대해서 정리함으로써 독자들의 판단을 이끌어 내는데 도움이 될 것이라 기대했다.

이러한 취지에 공감하고 바쁜 와중에도 책의 집필에 흔쾌히 참여해준 임상연 연구위원, 김태영 전문연구원, 김유란 전문연구원, 박성경 연구원께 감사드린다. 모두 10년 이상 도시재생 연구에 참여하며 현장에서 동고동락을 같이 해 준 동료이자 선후배이다. 업무를 수행하는 짬짬이 시간을 내어 책을 써가야 하는 빡빡한 일상이지만 이 책을 발간하는 기회를 빌려 집필진이 하나 되어 도시재생 연구를 시작하던 초심으로 돌아가 그동안의 고민, 갈등들을 풀어놓을 수 있었던 소중한 기회이기도 했다. 그리고 마지막으로 이 책의 제목을 고민할 때 결정적인 힌트를 던져 준 조현우 연구원에게도 감사드린다.

조금은 낯선 전개 방식이지만 열려 있는 독자층을 고려하여 최대한 편견 없이 자유롭게 사고하고 판단할 수 있도록 돕기 위한 기획 의도였음을 다시 한번 강조하고 싶다. 모쪼록 도시재생을 둘러싼 다양한 이슈, 이슈별 시각 등을 종합적으로 살펴보고 되짚어봄으로써 향후 우리나라 도시재생정책의 나아갈 방향을 깊이 고민하는 계기가 되었으면 하는 바람이다.

2024년 6월

집필진을 대표하여 박정은

01

도시재생사업과 출생율

도시재생사업을 통한 출생율 제고를 바라보는 두 가지 관점

1 출산율 제고를 위해 도시재생사업 추진이 필수적이다

2 도시재생사업은 출산율 제고방안이 될 수 없다

3 출산율 이슈를 고려한 지방도시 도시재생정책 방향 재점검

박정은

도시재생사업을 통한 출생율 제고를 바라보는 두 가지 관점

지난 10년간 도시재생사업을 추진해 오면서 '출산율 제고'가 사업추진의 주요 목표로 등장했던 적은 없다. 그러나 지금까지 추진해 온 핵심적인 사업이 주민들을 위해 노후주택을 개보수하고 안전하고 안심할 수 있는 골목길이 되도록 정비하고 공동이용시설을 조성해 주는 것이었다면, 이것이야말로 출산율 제고를 위한 가장 기초를 마련하는 것이 아닐까? 게다가 보다 나은 일자리와 교육환경을 위해 수도권으로 빠져나가 인구가 급격히 감소하고 있는 지방도시, 그러나 합계출산율 기준으로 본다면 상위권에 있는 지방도시야 말로 도시재생사업 추진 목적을 지금까지와는 다르게 출산율 제고 관점에서 차별화할 때가 아닐까 한다.

그러나 도시재생사업의 대상이 되는 지역 특성상 출산율 제고를 위한 사업 추진 여건은 녹록지만은 않다. 도시재생사업 지역 내 거주민은 대부분이 고령층이기 때문이다. 지방 도시는 이미 인구가 전성기 대비 대폭 감소하였고 젊은 인구는 빠져나가며 노인만 남아 있는 것이 오늘날의 현실이다. 과연 이러한 여건하에서도 도시재생사업을 통해 출산율 제고 차원에서 지방도시에서 젊은 층, 그리고 육아와 돌봄을 위한 공용공간을 마련하는 것이 과연 적합한 것인가에 대한 의구심을 지우기 어려운 것이 우리가 처한 현실이기도 하다.

1

출산율 제고를 위해 도시재생사업 추진이 필수적이다

❶ 그동안의 사업 추진현황을 통해 확인할 수 있는 사실들

그간의 도시재생사업 목표와 추진 방향

2013년 「도시재생 활성화 및 지원에 관한 특별법」(이하, 도시재생법)이 제정되던 당시 가장 중요했던 입법 목적은 '도시의 자생적 성장 기반 확충'과 '도시경쟁력 제고'로 요약할 수 있다. 「도시재생법」 제정은 그동안의 지역활성화 정책이 농어촌, 낙후지역 등을 중심으로 추진되어 왔으나, 쇠퇴하는 도시지역에 대한 활성화 노력은 부재했다는 문제의식에서 비롯되었다. 많은 인구, 기능, 시설 등이 집적한 도시지역의 쇠퇴는 곧 도시경쟁력, 나아가 국가경쟁력 저하로 연결될 수 있다고 본 것이다.

2014년 국가선도사업과 일반지역 사업을 추진하던 당시만 해도 지역자원을 활용한 특색 있는 사업 발굴을 위한 사회·경제·물리적 재생, 지역공동체 회복, 기초생활인프라 공급 확대를 통한 점진적 환경개선 등을 강조하였다. 그 이후 2017년 도시재생뉴딜사업이 시작되며 중점 추진 방향으로 생활SOC 공급 확대, 혁신거점공간 조성 활성화 등이 강조되었다. 도시재생뉴딜사업에서 강조하였던 생활SOC 복합시설은 커뮤니티 케어, 공동육아나눔터, 다함께 돌봄 등 각 부처별 생활SOC 관련 서비스를 집적시키는 개념이었다.

이처럼 그동안의 도시재생정책과 사업은 '출산율 제고'를 목적으로 부각하여 제시하지 않았지만 노후주거지의 점진적 환경개선을 위한 생활 관련 서비스 공급에 집중해 왔음을 알 수 있다. 이는 대규모 공동주택 단지 내에는 각종 생활편의시설 등이 마련되어 있지만 그렇지 못한 노후 저층 주거지에도 다양한 생활편의시설을 제공함으로써 삶의 질을 향상시키고자 한 것이다.

| 주택유형별 주거환경 전반적인 만족도 비교

주택유형	2017년	2019년	2021년	2022년
단독·연립·다세대주택 등(B)	81.17%	79.02%	79.34%	81.86%
아파트(A)	91.98%	91.20%	91.20%	92.00%
차이(A-B)	10.81%	12.18%	11.86%	10.14%

자료: 국토교통부. 2017·2019·2021·2022, 주거실태조사 통계보고서

도시재생사업을 통해 공급된 다양한 기초생활인프라시설의 상당수는 지방도시의 노후주거지역에 공급되었다. 또한 도시재생사업을 통해 공급한 기초생활인프라에는 대부분 공동육아시설, 어린이 도서관, 돌봄 관련 시설 등이 포함되어 있다. 그동안 도시재생사업은 노후된 도심 환경의 일체적 정비를 유도함과 동시에 민간에 의한 자발적 정비가 어려운 지역을 대상으로 지역에 필요한 공공 서비스 시설을 다양한 방식으로 공급해 왔다. 그리고 이들지역 대부분 정비 여건이 열악한 지방도시가 높은 비중을 차지하며 지역 수요에 맞게 다양한 육아 및 돌봄 관련 시설을 공급하는 역할을 담당했다.

직접적인 도시재생사업 목표로 내세우지는 않았으나 이미 도시재생정책과 세부사업 내용은 지역 내 출산율 제고를 위한 환경 조성과 밀접하게 연관되어 있다. 이제는 국가경쟁력 제고를 위한 가장 중요한 과제인 출산율 제고 방안을 노후되고 불편한 주거환경을 개선하고 생활에 필요한 기초생활인프라시설을 적재적소에 공급해 주는 도시재생사업과 연계하여 검토해 볼 시점이다. 특히, 사업 수요 확보의 어려움으로 인해 대규모 일체적 정비가 어려운 지방도시를 대상으로 출산율 제고를 고려하여 점진적 지역공동체 회복, 편리하고 안전한 주거환경을 마련하는 등의 새로운 접근으로 도시재생사업을 추진하는 방안을 적극적으로 고려해야 할 시기이다.

기초생활인프라 공급의 핵심시설

국비지원 대상으로 선정된 지역의 도시재생활성화계획 내용 중 마중물사업을 사업유형별로 구분하면 전반적으로 하드웨어 조성 관련 사업의 비중이 높음을 확인할 수 있다. 하드웨어 사업으로 별도 분리한 사업의 비중만 보더라도 전체 사업비의 52%를 차지한다. 그리고 하드웨어와 소프트웨어 등 유형 구분 없이 시설 조성과 운영을 통합하여 제시하는 사업의 비중은 41%에 달한다. 따라서 실제 사업만 놓고 본다면 하드웨어 성격의 사업은 전체 사업비의 90% 이상이라고 보아도 무방하다.

그리고 마중물사업 중 하드웨어 조성사업의 대표적인 세부사업은 기반시설 정비 및 신설, 거점시설 조성, 기초생활인프라 복합화 사업 등이 해당하며 이는 전체 사업비의 약 43%를 차지한다. 여기에서의 기반시설, 거점시설 등은 대부분 경로당, 어린이 돌봄시설, 청소년 문화·휴게공간, 마을 공동부엌 등이다. 국토교통부 내부자료(2023)에 따르면 도시재생 기초생활인프라 조성사업 중 어울림 센터와 문화시설 조성이 차지하는 비중은 각각 전체의 13.6%, 11.2%로 높은 비중을 차지함을 알 수 있다. 물론, 이러한 시설이 출산율을 높이는데 직접적인 역할을 한다고 보기는 어렵다. 그러나 전면 철거 후 공동주택 조성이 어려운 전국 곳곳의 노후 주거지에 이러한 시설의 공급은 공공주택 단지에 버금가는 생활 환경을 마련해 주는 것이라 볼 수 있다. 이러한 시설은 다양한 계층이 양호한 출산, 양육 환경을 누릴 수 있도록 하는 기반이 된다.

| 도시재생사업 마중물사업 중 단위 사업별(중분류) 예산계획 현황

단위사업(중분류)		세부 단위사업 수		사업비	
		개	비율(%)	백만원	비율(%)
총 계		4,180	100.0	8,907,128	100.0
하드웨어	소 계	1,702	40.7	4,628,232	52.0
	기반시설 정비 및 신설	776	18.6	2,100,879	23.6
	거점시설 조성	336	8.0	1,395,537	15.7
	노후주거 정비	178	4.3	184,629	2.1
	CEPTED	123	2.9	129,433	1.5
	특화거리 조성	78	1.9	127,486	1.4
	생활SOC 복합화	58	1.4	272,688	3.1
	방치건축물, 상점 등 리모델링	48	1.1	57,652	0.6
	임대/청년 주택 건립	44	1.1	183,113	2.1
	창업거점 조성	44	1.1	150,859	1.7
	상권활성화사업	17	0.4	25,957	0.3
소프트웨어	소 계	1,233	29.5	595,623	6.7
	주민역량 강화/공동체	508	12.2	241,193	2.7
	기반구축사업	230	5.5	95,807	1.1
	현장지원센터 운영	223	5.3	161,976	1.8
	협동조합 등 육성	93	2.2	27,310	0.3
	축제 및 행사지원	92	2.2	38,567	0.4
	창업인큐베이팅	61	1.5	25,759	0.3
	스토리텔링 사업	26	0.6	5,011	0.1
통합형 (HW+SW)	소 계	1,245	29.8	3,683,272	41.3
	조성계획+운영계획	1,243	29.7	3,682,982	41.3
	기타	2	0.0	290	0.0

주1: 도시재생사업의 유형 중 경제기반형, 우리동네살리기, 일반근린형, 주거지지원형, 중심시가지형 5개 유형의 총 7,589개 단위(세부)사업 분석

주2: 단위사업 구분은 국토연구원에서 수행한 "도시재생사업 실효성 제고를 위한 법제도 개편방안"연구를 참고함

자료: 국토교통부, 2024, 제2차 국가도시재생 기본방침 수립 연구

| 사업 유형별 세부사업 내용 비교 종합

구분	주거지원형			일반근린형			우리동네살리기		
	통영시 ('18)	창원시 ('19)	오산시 ('20)	삼척시 ('18)	부천시 ('19)	철원군 ('20)	시흥시 ('18)	부산시 ('19)	철원군 ('20)
거점 시설 조성	·마을 협동 공방 및 공구 보관소	-	-	·삼척 시립 도서관 건립	·펄벅 테마파크 ·심곡도서관 재건축	·어울림 플랫폼 조성 ·가족센터 조성 사업	-	·행복충전소 조성사업	·공동체 공간 조성 사업
기반 시설 정비 및 신설	·소방 도로 ·마을 ·주차장	·오작교 조성	·걷고싶은 은여울로 상하수도 정비사업 ·전선지중화 사업	·대학로 공영 주차장 ·대학로 간판정비 공원 조성 상수도 현대화	·아이숲터 정비	·맹지해소 도로 조성 ·시장진입로 조성 ·공공주차장 조성 ·시가지 경관조성	·댓골안길 보행로 개선 ·녹색주차장 조성 ·공원 공영주차장 조성	·클린하우스 조성사업 ·주차장 조성 ·한평 치유텃밭	·신재생 에너지 보급 지원 사업
특화 거리 조성	-	-	-	-	·펄벅문화거리 조성 ·부천역 남부광장 펄벅 상징물 조성	·시장체험프로그램실 겸 공유주방	-	-	-
생활 SOC 복합화	·커뮤니티 공간	-	·어울문화센터	·도시재생 어울림센터	·어울림 복합센터	·감성터미널 조성 ·신철원 시장 고객지원 센터 건립	·주민어울림공간	-	·생활 SOC 작은도서관 조성 지원 사업

구분	주거지원형			일반근린형			우리동네살리기		
	통영시 ('18)	창원시 ('19)	오산시 ('20)	삼척시 ('18)	부천시 ('19)	철원군 ('20)	시흥시 ('18)	부산시 ('19)	철원군 ('20)
CEP-TED	·CCTV 설치, 보안등 설치	-	·참여형 골목경관 조성 (집수리 + CPTED)	-	·안심골목길 정비어린이안심길 정비	·범죄예방 컨설팅	-	-	-
노후 주거 정비	·집수리 사업	·집수리 사업	·노후주택 집수리 ·공공건축 그린리모델링	·단독주택 철거	·햇살하우징자율주택정비사업	·노후주택정비 슬레이트처리 지원사업	·녹색건축물 조성지원사업	·노후주택 정비사업 ·자율주택정비사업	·노후주택정비사업 ·빈집정비슬레이트지붕 처리
임대/청년 주택 건립	·언덕마루 ·홈커밍 ·하우스	-	-	·행복주택건립사업	·기존주택 매입임대사업 ·공공리모델링 임대	·LH공공임대주택	-	·순환형 공공임대주택 조성 ·LH공공임대주택	-
창업 거점 조성	·마을 반찬가게	-	-	·시장 청년몰 조성사업	·문화마당 조성	-	-	-	·무상임대 청년상가 조성
주민 역량 강화/공동체	·주민역량 강화교육	·소계마법 예술학교 소계시장 활성화 ·상인교육 프로그램	·집수리 추진단 양성 ·마을디자이너 양성	·마을공동체 및 주민모임 활성화사업	·마을역량강화	·도시재생대학 운영	·주민역량 강화교육 및 4세대 프로그램	·마을 DNA 발전사업	·도시재생 추진역량 강화사업

구분	주거지원형			일반근린형			우리동네살리기		
	통영시('18)	창원시('19)	오산시('20)	삼척시('18)	부천시('19)	철원군('20)	시흥시('18)	부산시('19)	철원군('20)
현장지원센터 운영	·도시재생현장지원센터 운영	·소계지원센터	·현장지원센터 운영	-	-	·현장지원센터 운영	·현장지원센터 운영	-	·현장지원센터 운영
협동조합 등 육성	-	-	-	·사회적기업 마을기업 육성 추진	-	-	·마을 사회적경제	-	-
축제 및 행사지원	-	-	·화목 프로그램 주민참여 거리활성화	·문화예술행사 및 단체지원 ·대학로 문화의 거리 공연축제	-	·신철원 축제	-	-	·다문화 어울림 사회통합사업
스토리텔링사업	-	-	-	-	·펄벅 문화활성화	·신철원 스토리텔링 프로그램 ·마을해설사 양성	-	-	-

자료: 9개 시·군 도시재생활성화계획

❷ 출산율 제고를 위한 지방도시의 중요성

합계출산율 1위, 전남 영광군

통계청에서 발표한 2022년 기준 시·군·구 합계출산율 전국 1위는 합계출산율 1.803인 전남 영광군이다. 2022년 기준 전국 합계출산율이 0.778로 전국 합계출산율의 2배를 훨씬 뛰어넘는 높은 수준이다. 전국 2위를 차지한 지역은 합계출산율 1.560인 전북 임실군이다. 합계출산율 전국 10위 안의 도시는 전남에 3곳, 경북에 3곳, 강원도에 4곳이 포함되어 있다. 이들 도시의 특징은 20년 전과 현재를 비교할 때 감소 폭이 크지 않다는 점이다. 심지어 전북 임실군(2위), 경북 군위군(3위), 경북 의성군(4위) 지역은 20년 전보다 합계출산율이 소폭 증가하는 것을 확인할 수 있다.

이와는 대조적으로 전국 합계출산율 하위 10위 지역은 서울시에 6곳이 집중되어 있다. 그다음으로 대구시 2곳, 부산시 1곳, 전남 1곳이 포함된다. 전국에서 합계출산율이 가장 낮은 지역은 0.422로 전국 평균의 절반에 해당하는 합계출산율을 보이는 서울시 관악구(226위)가 차지했다. 그다음으로 낮은 지역은 대구시 서구(225위)로 합계출산율 0.459를 기록했다. 그렇다면 전국 하위를 차지하고 있는 이 지역들은 과거부터 지속적으로 낮은 출산율을 보여왔을까? 결코 그렇지 않다. 전국 하위 10곳의 2000년 기준 합계출산율 평균은 1.212였다. 그러나 20년 후 합계출산율은 2배에서 3배 가까이 급격하게 하락한 것이다.

| 전국 출산율 상위 10위, 하위 10위 해당 광역시·도

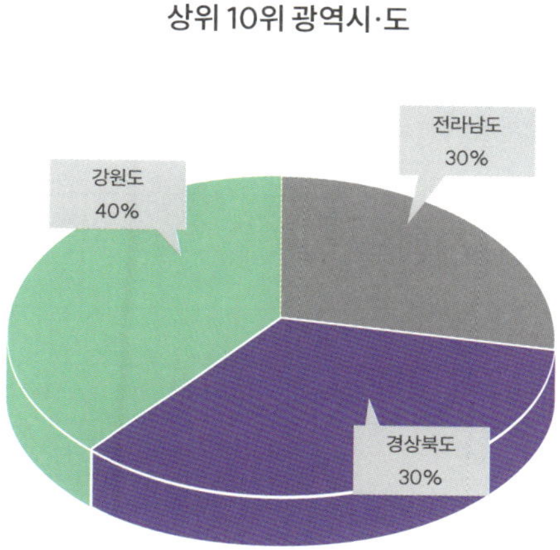

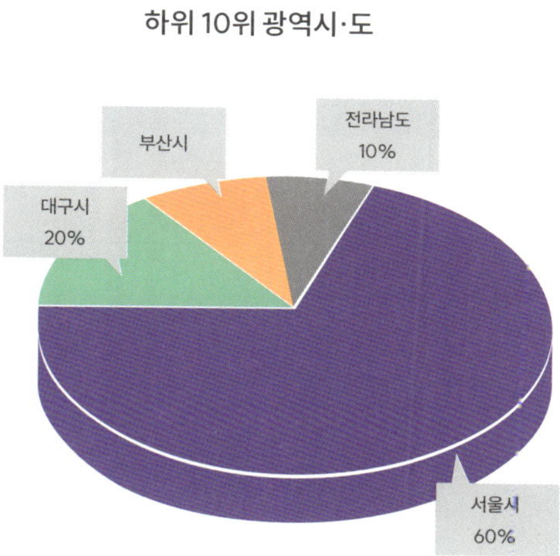

자료: 통계청 시군구 합계출산율(2000~2022년)

| 전국 출산율 상위5위, 하위 5위 도시 출산율 변화

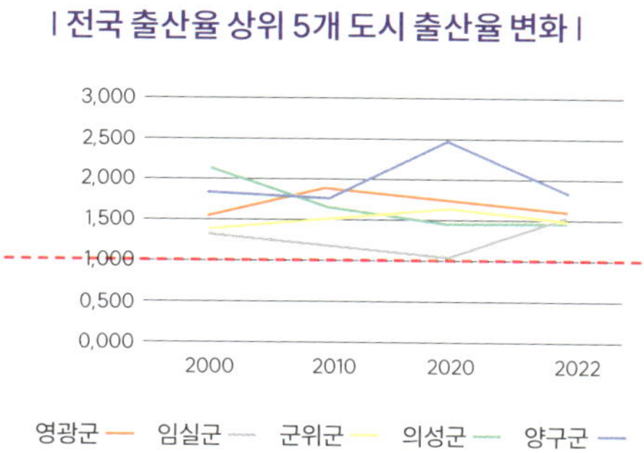

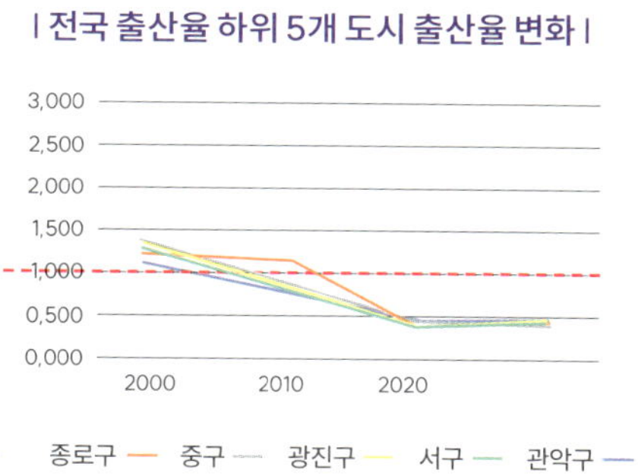

자료: 통계청 시군구 합계출산율(2000~2022년)

| 전국 기초자치단체 합계출산율 상위 10위, 하위 10위 도시

(단위: 연도)

순위	시도	시군구	2000	2010	2020	2022	2000년 대비 2022년
1	전라남도	영광군	1.832	1.717	2.455	1.803	-0.029
2	전라북도	임실군	1.507	1.877	1.749	1.560	0.053
3	경상북도	군위군	1.281	1.201	1.014	1.486	0.205
4	경상북도	의성군	1.337	1.450	1.598	1.457	0.120
5	강원도	양구군	2.115	1.641	1.428	1.434	-0.681
6	강원도	화천군	1.962	1.754	1.235	1.402	-0.560
7	강원도	철원군	1.959	1.722	1.656	1.398	-0.561
8	경상북도	영천시	1.427	1.468	1.358	1.313	-0.114
9	강원도	인제군	2.044	2.004	1.439	1.311	-0.733
10	전라남도	신안군	1.557	1.598	1.338	1.298	-0.259
(중략)							
217	전라남도	곡성군	1.475	1.455	0.811	0.535	-0.940
218	서울특별시	마포구	1.239	0.955	0.594	0.529	-0.710
219	대구광역시	남구	1.132	0.822	0.567	0.492	-0.640
220	서울특별시	강남구	1.129	0.862	0.537	0.490	-0.639
221	서울특별시	강북구	1.077	0.996	0.550	0.483	-0.594
222	서울특별시	종로구	1.097	0.837	0.522	0.477	-0.620
223	부산광역시	중구	1.155	1.039	0.445	0.462	-0.693
224	서울특별시	광진구	1.320	0.935	0.527	0.461	-0.859
225	대구광역시	서구	1.225	0.828	0.497	0.459	-0.766
226	서울특별시	관악구	1.273	0.881	0.474	0.422	-0.851

자료: 통계청 시군구 합계출산율(2000~2022년)

상대적으로 높은 광역도 합계출산율

2022년 기준 서울시, 인천시, 경기도의 평균 합계출산율은 0.726으로 전국 합계출산율인 0.778을 밑도는 수준이다. 특히 서울시만 본다면 합계출산율은 0.593으로 매우 낮은 수준이다. 인천시도 합계출산율 0.747로 전국 평균보다 낮기는 마찬가지이다. 세종시를 제외한 지방 5개 광역시의 평균 합계출산율은 0.803으로 전국 합계출산율을 약간 상회하는 수준이다. 특히 지방 광역시 중에서도 인구가 많은 부산시는 합계출산율 0.723, 대구시는 0.757로 전국 합계출산율에 못 미치는 수준이다.

반면에 광역도의 평균 합계출산율은 0.903으로 전국 평균보다 높다. 광역도 내에서 가장 높은 수치를 나타낸 지역은 합계출산율 0.968을 나타낸 강원도이고 그다음은 0.969를 나타낸 전남지역이다. 광역도에서는 전북이 합계출산율 0.817로 가장 낮은 지역에 해당하지만 여전히 전국 평균을 상회하는 수준이다.

지역별 합계출산율 현황 비교

구분	2022년 평균 합계출산율
전국	0.778
수도권 지역	0.726
지방 광역시	0.803
지방 광역도	0.903

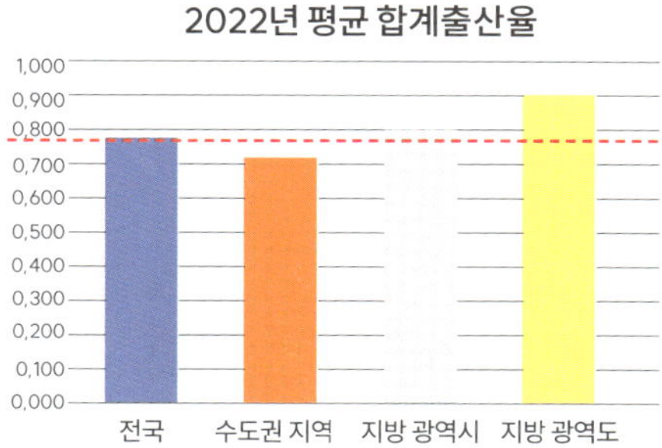

자료: 통계청 시군구 합계출산율(2000~2022년)

| 수도권과 비수도권 합계출산율 변화 비교

<수도권 지역 합계출산율 변화>

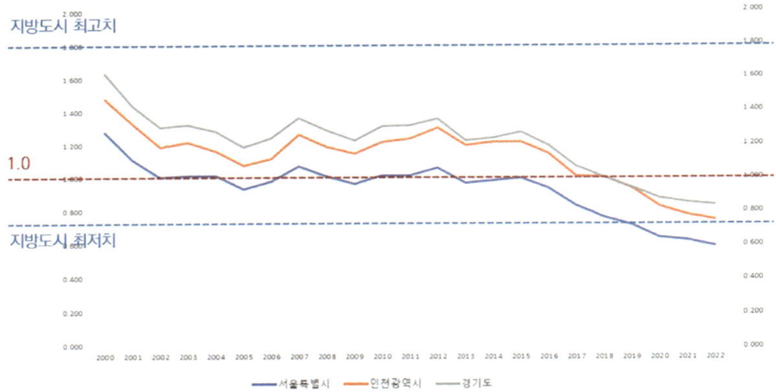

<지방 광역시/도 합계출산율 변화>

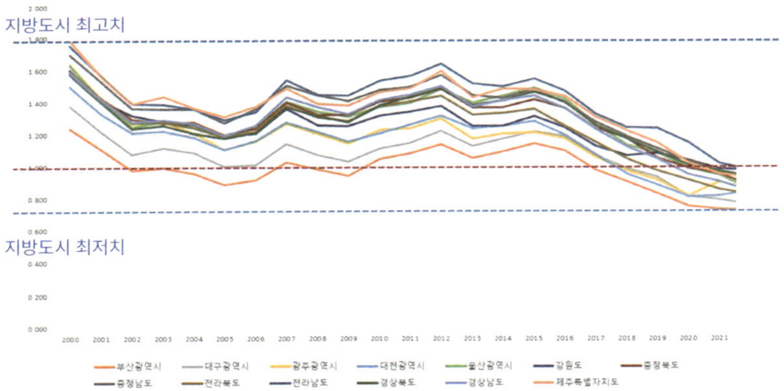

자료: 통계청 시군구 합계출산율(2000~2022년)

지방도시 주거실태조사 결과

2022년 주거실태조사 중 거주환경에 대한 전반적인 만족도는 광역시가 가장 높고 그다음으로 서울이 높게 나타났다. 또한, 19세부터 34세를 대상으로 하는 청년삶실태조사(2022) 결과에 따르면 현재 거주지역의 주거환경 만족도는 비수도권 지역이 수도권 지역에 비해 낮은 수준으로 나타났다. 생활인프라, 대중교통 이용, 치안 및 범죄 등 방범 상태, 위생환경, 녹지공간, 문화 및 부대시설, 교육환경, 이웃과의 관계 등 8개 부문으로 나누어 살펴본 결과 비수도권 지역은 이웃과의 관계를 제외한 7개 부문에서 모두 수도권 지역보다 낮은 것을 확인할 수 있다.

청년삶실태조사에 따른 현재 거주지역 주거환경만족도를 지역별로 살펴보면 전반적으로 광역시 및 특별자치시와 광역도 및 특별자치도는 전국 평균과 서울지역 만족도에 비해 낮은 것으로 나타났다. 비수도권 지역에서는 광역시가 광역도에 비해 전반적으

| 전반적인 주거환경 만족도(주거실태조사)

구분	만족	불만족
전국	13.5	86.5
서울	11.1	88.9
인천	14.3	85.6
경기도	17.5	82.5
광역시/특별자치시	10.0	90.1
광역도/특별자치도	12.6	87.4

자료: 국토교통부, 2022년도 주거실태조사 통계보고서

| 현재 거주 지역 주거환경 만족도(청년삶실태조사)

구분	생활 인프라	대중교통 이용	치안 및 범죄 등 방범 상태	위생 환경	녹지 공간	문화/부대 시설	교육 환경	이웃과의 관계
전국	3.89	3.83	3.96	3.87	3.91	3.60	3.69	3.57
서울	4.07	4.18	4.00	3.84	3.86	3.69	3.78	3.54
인천	3.97	3.88	4.06	3.92	3.94	3.70	3.75	3.64
경기도	3.87	3.73	4.01	3.93	4.03	3.63	3.67	3.57
광역시/특별자치시	3.76	3.75	3.74	3.71	3.70	3.66	3.72	3.76
광역도/특별자치도	3.68	3.67	3.68	3.65	3.61	3.53	3.58	3.55

주 1) 국무조종실 청년정책기획관 조사통계(조사대상 및 규모 : 2022.1.1일 기준 전국 17개 시·도의 일반주거시설에 거주하는 15,000여 개의 일반가구 및 일반가구 내의 만 19~34세 가구원)

자료: 통계청 청년삶실태조사(https://kosis.kr)

로 만족도가 높은 것을 확인할 수 있다. 한 가지 특이한 점은 서울, 인천, 경기지역의 만족도는 부문별로 편차가 크게 나타나는데 비해, 비수도권 지역에서는 유사한 수준을 보인다는 점이다. 또한 비수도권 지역에서는 특히 녹지공간, 문화 및 부대시설, 교육환경 분야에서의 만족도가 낮게 나타났다는 점을 주목할 필요가 있다.

| 지역별 현재 거주지역 주거환경 만족도(청년삶실태조사)

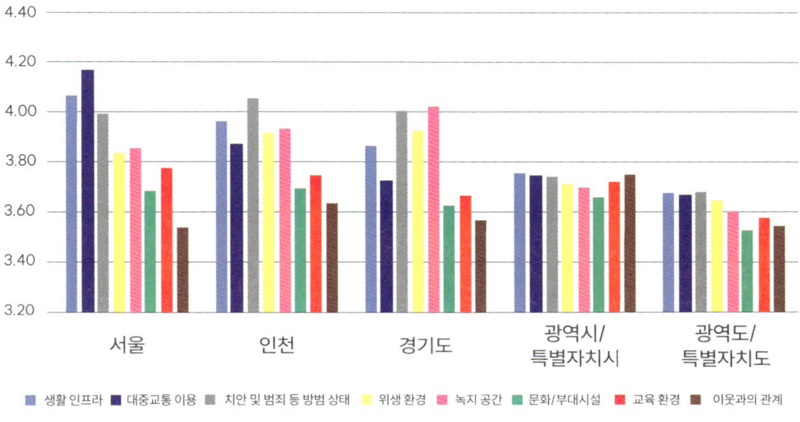

자료: 통계청 청년삶실태조사(https://kosis.kr)

지방도시에서 활발히 추진되어 온 도시재생사업

2014년 국가선도사업과 2016년 일반지역 사업은 당시 공모 가이드라인에 따르면 지원 가능 대상지역을 「도시재생법」에 따른 전략계획수립 지역으로 보았으나, 실제 국비지원에 선정된 지자체는 시급 도시를 대상으로 하였다. 2014년 국가선도사업으로 선정된 13곳을 살펴보면 서울시 1곳, 부산시 1곳, 광주시 1곳, 대구시 1곳을 제외한 9곳이 모두 광역도 내의 지역이었다. 2016년 일반지역으로 선정된 33곳에는 서울 3곳, 부산 4곳, 인천 2곳, 광주 2곳, 대구 2곳, 대전 1곳, 울산 3곳 등 광역시 내의 자치구 선정 비중이 2014년 선도사업과 비교할 때 상대적으로 높았으며 광역도 내 시는 총 15곳이 선정되었다.

2017년에는 도시재생 뉴딜사업이 국정과제로 포함되며 도시재생사업은 본격적으로 확대되기 시작하였다. 2017년 뉴딜사업 초반에는 기존의 기조대로 광역도 내 시급도시로 한정하여 국비지원 사업을 선정하였다. 그러나 그다음 해인 2018년부터는 군지역까지 확대하였고 총 100곳 중 16곳의 군지역이 선정되었다. 2019년부터는 본격적으로 지방도시로 확대되었다. 2023년 10월 기준 도시재생 사업에 가장 많이 선정된 지역은 경기도(64곳)이며 그다음으로 경남(56곳), 전남 및 경북(52곳), 전북(49곳) 순으로 많이 선정되었다.

| 시도별 도시재생사업 추진 현황(2023년 10월 기준)

시 도	선정 사업		시 도	선정 사업	
	개소	비율(%)[1]		개소	비율(%)[1]
서울특별시	29	5.08%	강원도	37	6.48%
부산광역시	34	5.95%	충청북도	37	6.48%
대구광역시	26	4.55%	충청남도	45	7.88%
인천광역시	25	4.38%	전라북도	49	8.58%
광주광역시	20	3.50%	전라남도	52	9.11%
대전광역시	16	2.80%	경상북도	52	9.11%
울산광역시	14	2.45%	경상남도	56	9.81%
세종특별 자치시	5	0.88%	제주특별 자치도	10	1.75%
경기도	64	11.21%	전 체	571	100%

주 1) 전체 도시재생 선정 사업수 대비 비율

자료: 도시재생종합정보체계 우리동네 재생정보(https://www.city.go.kr/map/index.do

국비지원사업으로 선정된 지역을 도시 규모별로 살펴보면 2014년부터 2018년까지는 대도시 선정 비율이 높은 것으로 나타났으나 2019년을 기점으로 대도시 선정 비율은 감소하기 시작하였다. 2019년에는 대도시가 전체의 49%를, 지방 중소도시와 소도시가 전체의 51%를 차지하였다. 2020년에는 지방 중소도시와 소도시 비중이 전체의 58%를 차지하였으며 2021년 72%까지 증가하다 2022년에는 전체적인 총 선정사업 건수가 축소되며 62%까지 하락하였다.

| 도시 규모별 사업 선정 현황

(단위: 연도)

구분	인구 규모	2014	2016	2017	2018	2019	2020	2021	2022	2023 (상반기)
계		13	33	68	100	116	117	87	26	11
대도시	계	7 (54%)	23 (70%)	37 (54%)	55 (55%)	57 (49%)	49 (42%)	24 (28%)	10 (38%)	2 (18%)
	특광역시 및 수도권	4 (31%)	21 (64%)	30 (44%)	47 (47%)	47 (41%)	36 (31%)	18 (21%)	7 (27%)	1 (9%)
	수도권 중소도시	3 (23%)	2 (6%)	7 (10%)	7 (7%)	10 (9%)	13 (11%)	6 (7%)	3 (12%)	1 (9%)
지방 중소도시 · 소도시	계	6 (46%)	10 (30%)	31 (46%)	45 (45%)	59 (51%)	68 (58%)	63 (72%)	16 (62%)	9 (82%)

(단위: 연도)

구분	인구 규모	2014	2016	2017	2018	2019	2020	2021	2022	2023 (상반기)
지방 중소 도시 · 소도시	30만 이상~50만 미만	0	2 (6%)	3 (4%)	8 (8%)	7 (7%)	8 (7%)	8 (9%)	2 (8%)	1 (9%)
	15만 이상 ~30만 미만	3 (23%)	4 (12%)	12 (18%)	7 (7%)	16 (8%)	9 (8%)	7 (8%)	3 (12%)	0
	5만 이상 ~15만 미만	2 (48%)	4 (12%)	13 (19%)	19 (19%)	19 (21%)	25 (21%)	19 (22%)	5 (19%)	5 (45%)
	5만 미만	1 (8%)	0	3 (4%)	11 (11%)	17 (22%)	26 (22%)	29 (33%)	6 (23%)	3 (27%)

자료 : 국토교통부, 2024, 제2차 국가도시재생 기본방침 수립 연구

지역별로 도시재생 국비지원사업을 추진 중인 기초지자체 수를 살펴보면, 6개 광역시와 1개 특별자치시는 모든 기초지자체에서 1개 이상의 도시재생사업을 추진 중임을 알 수 있다. 또한 충북, 경남, 경북 등 광역도 기초지자체의 대부분에서는 최소 1개 이상의 도시재생사업을 추진 중인 것으로 나타났다. 반면, 서울지역이 64%로 국비지원사업 미추진 지역이 상대적으로 많은 것으로 확인되었다. 이처럼 지금까지의 도시재생사업은 상대적으로 주거환경이 열악한 지방도시에서 활발히 추진해 왔음을 알 수 있다.

기초지자체별 도시재생사업 추진 현황

구분	도시재생사업 추진 현황				미추진 지자체
	총	추진	미추진	추진 비율 (%)	
서울	25	16	9	64.0	중구, 성동구, 광진구, 노원구, 마포구, 서초구, 강남구, 송파구, 강동구
부산	16	16	0	100.0	–
대구	9	9	0	100.0	–
인천	10	10	0	100.0	–
광주	5	5	0	100.0	–
대전	5	5	0	100.0	–
울산	5	5	0	100.0	–
세종	1	1	0	100.0	–
경기	31	22	9	71.0	김포시, 이천시, 안성시, 구리시, 의왕시, 과천시, 양평군, 가평군, 연천군
강원	18	13	5	72.2	속초시, 횡성군, 평창군, 양양군, 양구군
충북	11	10	1	90.9	보은군
충남	15	13	2	86.7	계룡시, 태안군
전북	14	13	1	92.9	장수군
전남	22	21	1	95.5	장성군
경북	22	21	1	95.5	울릉군
경남	18	18	0	100.0	
제주	2	2	0	100.0	

자료: 도시재생종합정보체계 우리동네 재생정보 검색 결과(2023.10.4)

❸ 인프라 조성과 출산율 사이의 긍정적 관계를 보여주는 언론보도

장려금보다 효율적인 인프라 조성

한국지방세연구원 발간물*에 따르면 2009~2021년 226개 기초 지자체 정책효과를 분석한 결과 출산지원정책은 출산율 제고에 기여하는 부분이 있으며, 출산장려금보다 돌봄센터, 어린이회관, 장난감은행 등 인프라 확대가 출산율 제고에 더욱 효과적이라는 결론이 도출되었다. 구체적인 연구결과**를 살펴보면, 출산장려금 100만 원 지급 시 합계출산율은 0.03명 증가하고 아동 1인당 인프라 예산액 100만 원 증가 시 합계출산율은 0.098명 증가하는 것으로 나타났다. 이 연구결과는 동일한 예산을 지출할 때 인프라에 대한 투자 및 예산의 확대가 현재와 같은 수준의 출산율 제고에 더 효과적임을 시사한다.

대표적인 두 가지 출산율 제고 정책인 현금지원과 인프라 구축을 살펴보면 현금지원의 경우 일회성으로 지급된 이후 지속적인 효과를 담보하기 어렵다는 단점이 있다. 반면에, 인프라는 한 번 구축되면 지역에 지속적으로 남아 있는 시설로 장기적으로 양호한 육아환경을 조성하는 데 기여하므로 결과적으로 타 도시로의 인구유출 등을 방지하는 효과도 기대할 수 있으며 계속해서 도시

---

* 박혜림, 2023, 지자체 출산지원정책의 효과분석 및 정책적 시사점, TIP 97

** 상계자료

내 양호한 생활환경 조성을 위한 시설로 남아있게 되므로 종합적으로, 그리고 장기적으로 볼 때 더욱 합리적이라 할 수 있다.

"장려금 100만 원에 출산율 0.03명 ↑…
인프라 늘면 0.098명↑"

한국의 합계출산율이 0.78명까지 떨어진 가운데 지방자치단체들이 앞다퉈 출산장려금을 지급하고 있지만 이보다는 돌봄센터 등 지역 인프라와 서비스를 확대하는 것이 출산율을 높이는데 더 효과적이라는 분석이 나왔다. (중략)

돌봄센터, 어린이회관, 공동육아 나눔터, 키즈카페, 장난감 은행, 공동 육아카페 등의 서비스·인프라 정책은 출산 당시의 단기적 현금지원정책보다 장기적으로 육아에 도움이 될 수 있는 환경을 구축하기 위한 것이라고 보고서는 지적했다.

하지만 기초지자체의 경우 지원 방법에서 서비스·인프라 예산액 비중은 2021년 기준 13.4%에 불과했으며 현금이 72.7%에 달했다. 2021년 아동 1인당 인프라·서비스 예산액이 가장 많은 자치단체는 서울 중구(211만4천원), 강원 화천군(83만1천원), 인천 강화군(76만8천원) 순이다.

연합뉴스

"장려금 100만원에 출산율 0.03명 ↑…인프라 늘면 0.098명 ↑"

2023-05-08 07:30

김윤구 기자

지방세연구원 보고서…"인프라 예산 증가가 출산율 제고에 더 효과적"

(서울=연합뉴스) 김윤구 기자 = 한국의 합계출산율이 0.78명까지 떨어진 가운데 지방자치단체들이 앞다퉈 출산장려금을 지급하고 있지만 이보다는 돌봄센터 등 지역 인프라와 서비스를 확대하는 것이 출산율을 높이는데 더 효과적이라는 분석이 나왔다.

8일 한국지방세연구원의 보고서에 따르면 2009~2021년 226개 기초자치단체 정책의 효과를 분석한 결과 출산장려금 100만원 지급 시 합계출산율은 0.03명 증가하는 데 그쳤지만, 아동 1인당 인프라 예산액 100만원이 늘어날 때 합계출산율은 0.098명 증가한 것으로 추정됐다.

이는 동일한 예산액 지출일 경우 인프라 예산 증가가 출산율 제고에 더 효과적일 수 있음을 시사하는 것이라고 지방세연구원은 설명했다.

자료: 연합뉴스, 2023.5. 8, "장려금 100만원에 출산율 0.03명 ↑… 인프라 늘면 0.098명↑"

살고 싶은 환경과 출산율과의 관계

한 언론보도*에 따르면 대전이 2023년 합계출산율·조출생률이 상승한 이유가 수도권과 대도시 수준 이상의 지역생활 만족도에 있다는 점을 주목할 필요가 있다. 주거환경에 대한 높은 만족도가 출산과 밀접한 연령대의 대전 유입을 늘렸기 때문에 가능했다는 분석이다.

"대전, 출산율 깜짝 반등…살고 싶은 환경이 곧 '낳게 된 이유'"

지난해 출산과 직접 관련 있는 30대 유입 늘며 합계출산율에 영향

주거환경만족도 전국 2위… 녹지환경만족도·안전감도 상위권 차지

수도권 넘어서는 지역생활 만족도, 인구 유입·출산 증가로 이어져

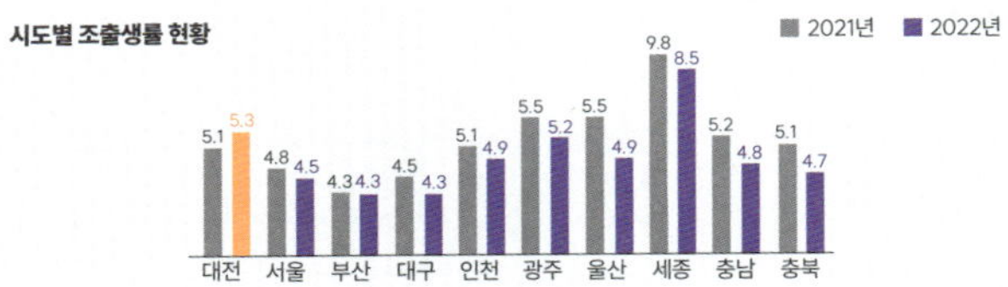

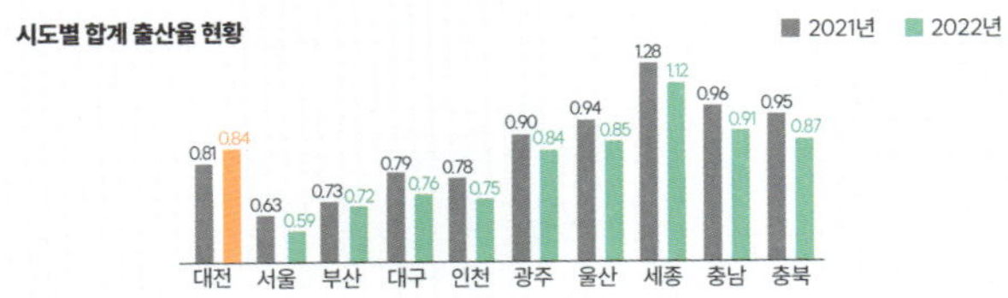

자료 : 충청투데이, 2024. 7.20, "대전, 출산율 깜짝 반등…살고 싶은 환경이 곧 낳게 된 이유"

* 충청투데이, 2024.7.20, "대전, 출산율 깜짝 반등…살고 싶은 환경이 곧 낳게 된 이유"

아이 키우기 좋은 환경의 중요성

한 지역 언론사의 보도*에 따르면 광주 동구는 인구 감소로 10만 명 미만을 기록했다가 최근 인구 10만 명을 회복한 것으로 나타났다. 뿐만 아니라 합계출산율도 광주 5개 자치구 중 1위를 차지한 것으로 나타났다. 동구의 2022년 기준 합계출산율은 0.96명으로 광주시 평균(0.844명)보다 높다. 여기서 중요한 것은 동구가 2018년 당시만 해도 광주 내 5개 자치구 중 최하위 수준에 머물러 있다가 4년 만에 반등했다는 점이다. 언론보도에서는 지역소멸 위기에 있던 광주 동구의 사례를 토대로 합계출산율 제고를 위하여 단기적 유인책보다 장기적인 맞춤형 보육정책의 중요성을 강조하였다.

"지역소멸 위기 속 광주 동구 출산율 '눈부신 반등'"

동구는 이 같은 합계출산율 증가의 원인으로 단기적 유인책보다 장기적으로 '아이와 부모가 행복한 보육 도시' 구현을 위해 다양한 맞춤형 보육 정책을 펼쳤던 것이 큰 작용을 했다고 보고 있다.

특히 신축아파트 입주에 따라 개선되고 있는 공공 보육 시설이 제 역할을 톡톡히 했다. 지난 2017년 2곳에 불과했던 국·공립 어린이집은 현재 14개소까지 확충됐으며, 연말까지 15개소가 운영된다. 민간·가정·사회복지법인 등도 50여 개소가 운영 중이다.

또 동구육아종합지원센터 2개소와 공동육아나눔터 2개소, 푸른마을공동체센터 내 장난감도서관 운영 등을 통해서도 미취학·초등학교 자녀를 부모들로부터 높은 호응을 얻고 있다.

---

* 무등일보, 2023.10.24, 지역소멸 위기 속 광주 동구 출산율 '눈부신 반등'

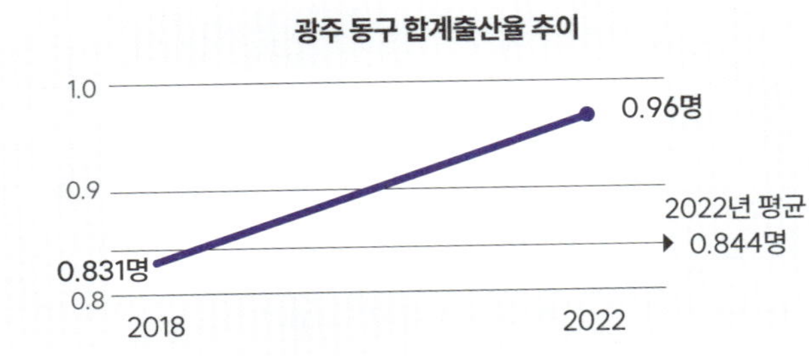

자료: 무등일보, 2023.10.24, 지역소멸 위기 속 광주 동구 출산율 '눈부신 반등'

❹ 도시재생사업을 통한 육아·돌봄 환경 조성 사례

음성군 역말공동육아나눔터

2018년 도시재생 국비지원사업에 선정된「음성군 주거지지원형 도시재생활성화계획」에서 마중물사업의 일환으로 도시재생어울림센터 2층에 공동육아공간조성 계획을 구상하였다. 공동육아공간은 주민 수요조사 결과 등을 기반으로 도출되었으며 역말공동육아나눔터(이하, 나눔터)라는 이름으로 2021년 6월에 문을 열었다. 나눔터 주변에는 두 개의 초등학교가 있지만 키즈카페나 다른 아이들을 위한 놀이공간이 없어 어린이를 위한 놀이공간 마련과 함께 지역사회 공동육아를 실현하기 위한 목적으로 시작되었다.

나눔터는 지역 인근에 거주하는 부모들이 양육정보를 공유하고 자녀를 함께 돌보는 활동을 통해 가족기능을 강화해 나가는 공간으로 활용되고 있다.* 현재 나눔터에서는 초등학생을 대상으로 한 미술, 체육, 요리교실 등 다양한 프로그램과 자녀양육 품앗이 활동을 지원하고 있다.** 특히 나눔터는 방학 동안 가정의 돌봄 공백 해소를 위해 초등돌봄서비스를 지원한다. 초등돌봄서비스는 초등 자녀의 방과 후 돌봄 공백을 해소하고 부모의 육아 부담을 완화하기 위한 사업으로 학기 중과 방학 중으로 나누어 탄력적으로 운영하고 있다.***

자료: 뉴스1, 2023.8.16, 음성군 역말공동육아나눔터, 주민 소통공간으로 '자리매김'

---

* 자료: 중부 매일, 2021.6.23., 음성군, 음성 최초 '역말공동육아나눔터' 개소

** 자료: 음성군 지역활성화지원센터 홈페이지(http://ervc.or.kr/board/news/view/wr_id/150/key/90

*** 자료: 충청투데이, 2023.8.16., 음성 '역말 공동육아나눔터' 돌봄공백 지원

자료: 저자 촬영(2024.7)

제주 김영수 도서관, 제주형 마을교육공동체모델의 시작*

2016년 도시재생 일반사업으로 선정된 「제주 원도심 모관지구 도시재생(이하, 모관지구 활성화계획)」에 교육환경 개선을 위한 마중물사업으로 북초등학교 도서관을 리모델링하는 마을도서관 조성사업이 포함되었다. 「모관지구 활성화계획(2016)」에 따르면 활성화지역 내의 북초등학교는 개교한 지 100년이 넘은 제주 초등교육의 발상지로 원도심 주민 대부분이 북초등학교 출신이라 할 만큼

* 자료: 국토연구원·전국도시재생지원센터협의회, 2020, 현장에서 도시재생을 바라보다, pp.157~167

명성이 높은 학교 중 하나였다고 한다. 그러나 현재는 지속적인 학생 수 감소로 '작은학교'로 지정되어 인근 지역 거주와 관계없이 전학이 가능하지만 상업지역 내에 위치한 환경 등으로 인해 전학을 꺼리고 있는 상황이다.

모관지구활성화계획(2020)*에 언급된 사업 추진 배경에 따르면 원도심 특성상 높은 지가로 인해 마을도서관 조성이 쉽지 않아 주민들은 오랫동안 마을도서관 조성을 희망해 왔다고 한다. 지역 여건상 마을도서관을 조성할 마땅한 부지를 마련하는 것이 쉽지 않자 기존 시설을 리모델링하는 안으로 수렴되어 현재와 같은 마을도서관이 조성되었다. 주민들은 마을도서관을 거점 삼아 주민과 원도심 학교 연계를 통해 '마을이 아이를 키우는 환경'을 조성하고자 했음을 짐작할 수 있다. 이러한 장기계획에 따라 1단계로 북초등학교 도서관을 리모델링하고 2단계로 방치된 도서관 옆 건물 2동(창고, 옛 당직실)을 증개축하여 현재와 같이 활용하고 있다.

도서관의 기본구상은 지역 건축가이자 학부모였던 건축사에게 맡겼고 낡고 이용객이 거의 없던 학교도서관이 지상 2층의 새로운 마을도서관으로 거듭났다.** '마을이 아이를 키운다'는 비전을 달성하기 위하여 교육청, 학부모, 지역주민, 학교, 중간지원조직(도시재생지원센터, 사회적경제지원센터, 마을만들기 종합지원센터, 지역균형발전지원센터 등)이 모두 참여하는 '김영수도서관 프로젝트' 추진

---

* 자료: 제주특별자치도, 2020.10, 제주시 원도심(모관지구) 도시재생활성화계획(변경)

** 자료: 국토연구원·전국도시재생지원센터협의회, 2020, 전게자료

거버넌스도 구축하였다.*

김영수 도서관이 설립된 이후 2018년 19명이었던 제주 북초등학교 병설유치원 학생 수는 2019년 42명으로 늘었고, 1학년 신입생 수도 2018년 28명에서 2019년 39명으로 증가한 것으로 나타났다.** 북초등학교 학생들 소수만이 이용하던 학교도서관은 현재는 학교 운영시간에는 학교도서관으로 그리고 그 이외 시간에는 마을도서관으로 운영되면서 마을 내 교육과 돌봄을 위한 정보공유의 장이자, 축제의 공간으로 자리매김하고 있다.

| 김영수도서관 마을도서관화 사업 개요

구분		면적	주요 시설
도서관	지상1층	154.80m^2	안내데스크, 북카페 '참새방앗간', 한옥방(총5실), 층층다리, 도채비방, 화장실
	지상2층	150.16m^2	주제별 책방, 열람실 '목관아가 보이는 책뜰', 옥상산책로 '하늘다리', 화장실
아이쉼터	지상1층	26.77m^2	사랑방(총2실/예약제)
아이돌봄	지상1층	33.00m^2	온기나눔방(사이돌봄 공간)

자료: 국토연구원 도시재생라이브러리 도시재생사례
(https://ubin.krihs.re.kr/ubin/na/ntt/selectNttInfo.do?nttSn=11872&mi=1018&bbsId=1012)

* 자료: 국토연구원 도시재생라이브러리 도시재생사례(https://ubin.krihs.re.kr/ubin/na/ntt/selectNttInfo.do?nttSn=11872&mi=1018&bbsId=1012)

** 자료: 국토연구원 도시재생라이브러리 도시재생사례(https://ubin.krihs.re.kr/ubin/na/ntt/selectNttInfo.do?nttSn=11872&mi=1018&bbsId=1012)

| 김영수도서관 재개관 이후 변화

제주북초 김영수도서관 재개관 2년..."원도심이 북적북적"

자료: 뉴스 1, 2021.6.1, 제주북초 김영수도서관 재개관 2년..."원도심이 북적북적

| 김영수 도서관 현재 모습

자료: 저자 촬영

| 김영수 도서관 현재 모습(계속)

자료: 저자 촬영

2

도시재생사업은 출산율 제고방안이 될 수 없다

❶ 도시재생사업 대상지역 특성과 사업목적

높은 고령자 거주 비율

상대적으로 고령자 비율이 높은 도지역에서 60세 이상 인구가 차지하는 비중을 살펴보기 위하여 충청남도 15개 시·군을 샘플로 분석한 결과 2022년 현재 충청남도 시·군의 60세 이상 인구가 차지하는 비중은 평균 약 37%로 나타났다. 60세 이상 인구가 차지하는 비중은 지역별로 편차가 크게 나타났는데 가장 높은 지역은 50.45%인 서천군이며, 그다음으로 50.15%인 청양군, 49.49%인 부여군 순으로 높게 나타났다. 이들 지역은 60세 이상 고령자 인구가 전체 인구의 절반 이상을 차지한다.

60세 이상 인구가 차지하는 비중은 2000년 이후 지난 20여 년간 꾸준히 증가해 왔다. 충남지역 전체로 볼 때 2000년 60세 이상 인구가 차지하는 비중은 18.19%에서 2022년 37.02%로 약 두 배 가까이 증가했다. 또한 60세 이상 인구가 차지하는 비중은 군지역이 시지역에 비해 약 1.6배가량 높은 것을 확인할 수 있다. 60세 이상 인구 비중이 가장 높았던 서천군, 부여군 등은 2000년 대비 2022년 60세 이상 인구 비중이 두 배 이상 증가한 것을 확인할 수 있다.

| 충청남도 시·군 고령자 비율(%)

(단위: 연도)

구분		2000	2005	2010	2015	2020	2022
충청남도	60세 미만	81.81	78.59	75.81	72.22	65.89	62.98
	60세 이상	18.19	21.41	29.16	27.78	34.11	37.02
시	60세 미만	85.31	83.23	81.49	78.63	73.15	70.71
	60세 이상	14.69	16.77	22.24	21.37	26.85	29.29
군	60세 미만	77.82	73.29	69.32	64.89	57.60	54.14
	60세 이상	22.18	26.71	37.07	35.11	42.40	45.86

자료: 통계청 시·군 연령별 인구자료(2000~2022년)

| 충청남도 시·군 고령자 비율 변화

자료: 통계청 시군 연령별 인구자료(2000~2022)

실제 2020년 국비지원사업에 선정된 총 117개의 계획 중 일반근린형, 주거지지원형 도시재생활성화계획과 우리동네살리기 실행계획에서 65세 이상 노인인구 수 파악이 가능한 43개의 계획을 살펴본 결과도 유사하게 나타났다. 인구수의 기준년도는 2018년, 2019년 등으로 다양하기 때문에 동일년도 기준으로 65세 이상 고령인구 비율을 확인하기는 어려운 한계가 있다. 이러한 한계로 계획 수립년도를 각각 적용하여 단순 평균할 경우 43개 재생사업지역 또는 재생사업지역이 속한 동·읍 등의 65세 이상 고령인구의 평균 비율은 약 15.6%로 나타났다. 65세 이상 고령인구 수를 실제 사업이 시행되는 도시재생활성화지역을 대상으로 한정하면 총 16개 계획을 기준으로 26.6%로 더 높아지는 것을 확인할 수 있다.

| 2020년 선정 국비지원 대상사업 지역 고령인구 비율

광역 시/도	대상지역 읍면동 또는 도시재생활성화지역(기준년도)	전체 인구	65세 이상 인구	고령 화율	유형
서울시	중랑구 중화2동(활성화지역)(2018)	6,952	1,179	17.0	일반
부산 광역시	북구 덕천1,2동(덕천1동, 덕천3동)(2019)	24,957	5,674	22.7	일반
	부산진구 범천동(활성화지역)(2019)	1,655	562	33.9	주거지
	동구 좌천동(활성화지역(2018)	5,074	1,529	30.1	우리동네
	연제구 (연산8동 4개통)(2019)	209,395	37,891	18.1	우리동네
	해운대구(반여2동, 반여3동)(2019)	22,224	5,312	23.9	일반
대구 광역시	달서구 상인3동(상인3동)(2019)	11,726	2,990	25.5	우리동네
광주 광역시	남구 방림2동(활성화지역)(2019)	1,146	351	30.6	우리동네
대전 광역시	동구 낭월동(활성화지역)(2019)	1,473	444	30.1	일반
울산 광역시	울주군 온산읍(2020)	23,418	2,545	10.9	일반
경기도	군포시 군포 1동(군포1동)(2017)	34,307	3,840	11.2	일반
	용인시 기흥구(신갈동, 구갈동)(2019)	429,087	49,699	11.6	일반
	하남시 신장동(신장1동, 신장2동)(2020)	45,702	7,542	16.5	일반
	광명시 광명3동(활성화지역)(2018)	6,043	1,109	18.4	주거지
	오산시 신장동(활성화지역)(2020)	2,725	694	25.5	주거지
	평택시 신장2동(활성화지역)(2018)	421	325	77.2	우리동네

광역 시/도	대상지역 읍면동 또는 도시재생활성화지역(기준년도)	전체 인구	65세 이상 인구	고령 화율	유형
강원도	정선군 고한읍(활성화지역)(2018)	1,395	494	35.4	일반
	철원군 근남면(활성화지역)(2017)	172	54	31.4	우리동네
충청 북도	영동군 황간면(활성화지역)(2018)	406	121	29.8	일반
충청 북도	제천시 서부동(2018)	1,662	547	32.9	일반
	진천군 진천읍(2019)	301,75	4,501	14.9	일반
충청 남도	금산군 중도, 하옥(활성화지역)(2018)	3,369	1,087	32.3	일반
	서천군 서천읍(2018)	772	193	25.0	일반
전라 북도	고창군 고창읍(2018)	22,168	3,854	17.4	일반
	순창군 순창읍(2019)	10,399	2,064	19.8	일반
	익산시 남중동(2019)	12,684	3,251	25.6	일반
	진안군 진안읍 군상리(활성화지역)(2019)	635	460	72.4	일반
	전주시 팔복동(활성화지역)(2020)	898	269	30.0	주거지
전라 남도	곡성군 석곡면(2017)	2,540	1,017	40.0	일반
	진도군 진도읍(2019)	10,516	2,135	20.3	일반
	해남군 해남읍(2019)	4,128	978	23.7	일반

광역 시/도	대상지역 읍면동 또는 도시재생활성화지역(기준년도)	전체 인구	65세 이상 인구	고령 화율	유형
경상 북도	경주시 황오동(2018)	7,204	2,042	28.3	일반
	구미시(활성화지역)(2018)	1,896	352	18.6	일반
	성주군 성주읍(2017)	14,120	2,672	18.9	일반
	예천군 예천읍(2017)	16,413	3,903	23.8	일반
	청송군(활성화지역)(2018)	1,609	526	32.7	일반
	칠곡군 왜관읍(2019)	33,935	5,591	16.5	일반
경상 남도	진주시 천전동(2018)	346,681	51,488	14.9	일반
	통영시 도천동(2019)	9,563	1,991	20.8	일반
	함안군 가야읍(2018)	19,657	3,259	16.6	일반
	하동군 하동읍(2020)	10,138	2,513	24.8	주거지
	고성군(송학리)(2019)	1,265	373	29.5	우리동네
제주도	서귀포시 중앙동(2019)	2,191	492	22.5	일반

자료: 2020년 국비지원사업 선정 지자체 도시재생 활성화계획 및 실행계획(우리동네살리기)

노후환경 개선에 초점을 맞춘 도시재생사업

국토교통부와 LH 도시재생지원기구에서 발간한 2020년「도시재생우수사례 30선」에서 특별시·광역시 사례를 중심으로 사업목적 키워드를 종합하면 도시재생사업은 노후주거지 개선 관련 사업에 집중되어 있음을 알 수 있다. 노후주거지 개선을 위한 사업 중 가장 많은 비중을 차지하는 사업은 노후주택 수리, 안전한 골목길 조성, 공동이용시설 설치 등이다. 다음으로 많은 비중을 차지한 재생사업의 목적은 일자리 창출이며 대부분 마을공동이용시설을 활용한 주민 또는 청년 대상 창업지원사업이 해당된다.

도시재생 우수사례에서 확인할 수 있듯이 도시재생사업은 노후주거지 또는 상업지역 등에서 주민주도로 낡은 주거환경을 주민수요와 여건에 맞게 수리할 수 있도록 지원하고, 거주하고 생활하는 동안 불편함이 없도록 주민공동이용시설 공급, 골목길 정비 등을 제공하는 사업이다. 이를 위해 가장 먼저 주민역량 강화를 통해 주민이 스스로 마을에 대해 알아가고 관심을 갖게 하여 마을에 필요한 시설과 사업을 발굴하고 기획할 수 있도록 함으로써 상향식 실행계획을 수립한 뒤 행정(지자체)과 주민이 공동으로 이행할 수 있는 기반을 마련해 주는 것이 도시재생사업의 핵심이다.

그 과정에서 지역 여건에 따라 청장년층, 유소년층이 많이 거주하는 주거지역에는 공동육아센터, 돌봄센터 등을 조성한다. 그러나 도시재생사업 대상지 내 거주민은 앞서 살펴본 바와 같이 대부분이 고령층으로 모든 도시재생사업을 출산율 제고와 관련한 사업과 연계하여 추진하는 것은 무리가 있다. 특히 지방도시 원도심의 젊은 인구는 이미 수도권과 대도시로 모두 빠져나가고 고령층만 남은 상황이라는 점을 고려한다면 출산율 제고와 도시재생사업을 연계하는 것은 불가능한 상황이라 해도 지나치지 않다.

| 특별·광역시 도시재생 성공사례 사업목적별 세부사업 종합 비교

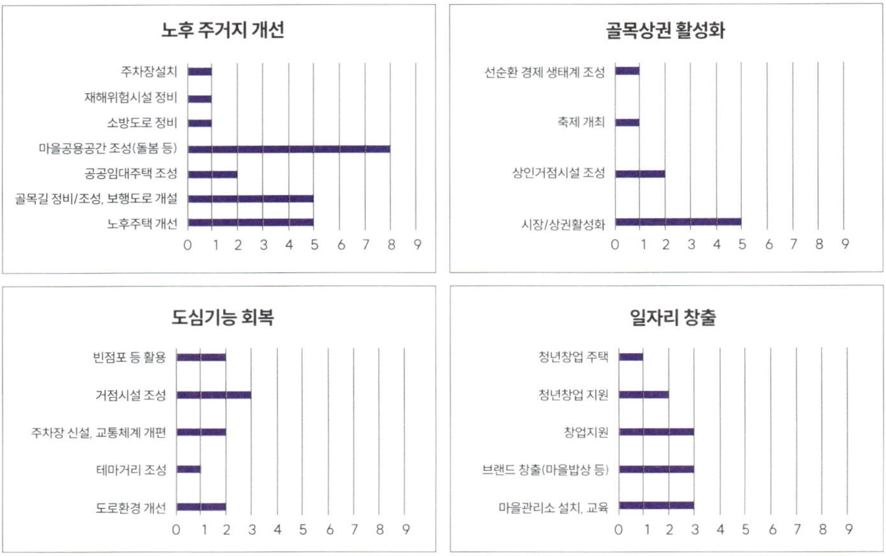

자료: 국토교통부·LH, 2020, 2020 도시재생사업 30선 (서울 천연 충현/불광2동, 부산 북구/서구/영도구, 인천 만부마을/강화도, 광주 광산구/동구, 대구 복현동, 대전 동구/신탄진 내용 참조)을 활용하여 저자 분석

❷ 도시재생사업의 본질

도시재생의 기본목표와 사업유형의 구분

2023년 12월 고시된 '제2차 국가도시재생기본방침'에서는 도시재생의 비전을 '국민이 행복한 경쟁력 있는 도시 재창조'로 제시하고 있다. 이러한 비전을 실행하기 위한 도시재생의 목표로 다섯 가지를 포함한다. 첫째, 지역 일자리 창출 및 도시경쟁력 강화, 둘째, 국민 삶의 질 향상 및 생활복지 구현, 셋째, 쾌적하고 안전한

국가도시재생기본방침상의 목표와 그동안의 정책 주안점

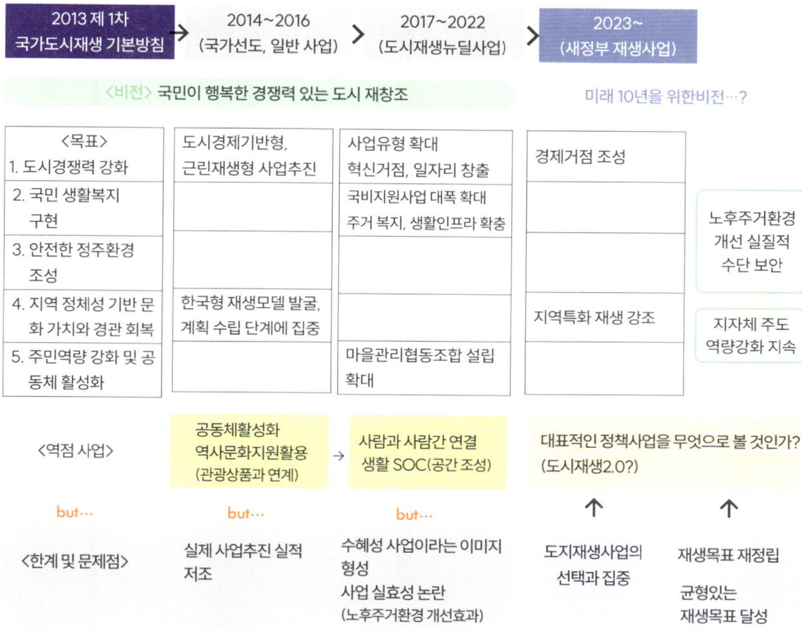

자료: 국토교통부, 2024, 제2차 국가도시재생기본방침 수립연구

정주환경 조성, 넷째, 지역 정체성 기반의 문화 가치와 경관 회복, 다섯째, 주민역량 강화 및 지역공동체 활성화 등이다. 출산율과 관련이 깊은 두 번째와 세 번째 목표를 세부적으로 살펴보면 생활복지 구현과 관련해서는 "국민 모두가 최소한의 생활 수준을 누릴 수 있도록 저소득층·노후주거지 밀집지역 등에 기초생활인프라 등을 적정 수준으로 공급한다"고 언급되어 있다. 세 번째 목표인 쾌적하고 안전한 정주환경 조성과 관련해서는 "환경친화적이

고 건강한 도시를 지향하고, 범죄 및 재해로부터 안전한 생활환경을 조성한다"는 내용이 포함되어 있다.

국가도시재생기본방침의 비전과 목표에서도 확인할 수 있듯이 도시재생의 기본적인 목표는 출산율 제고와는 거리가 있다. 생활복지 구현과 안전한 정주환경 조성이라는 목표가 포함되어 있으나, 이는 출산율과 관련한 기초생활인프라로 간주하기보다는 노후주거지 주민들의 최소한의 삶의 질 제고를 위한 기초생활인프라시설로 간주하는 것이 보다 정확하다. 이는 지금까지 추진해온 국비지원사업의 주요 방향만 보아도 알 수 있다. 2017년부터 5년간 추진해 온 도시재생 뉴딜사업에서는 중점 추진전략으로 생활복지 구현을 위한 국비지원사업을 주거복지 실현을 위한 생활 SOC 공급에 맞추어 왔다.

도시재생활성화지역 지정의 의미

「도시재생법」에 따라 도시재생전략계획이라는 법정계획을 통해 도시재생활성화지역 지정기준에 만족하는 지역에 도시재생활성화지역을 지정한다. 도시재생활성화지역 지정기준은 인구사회, 산업경제, 물리환경 분야에 걸쳐 쇠퇴현상이 나타나는지 여부가 된다. 예를 들어 전성기 대비 인구가 급격히 감소하였거나 지역 내 사업체 수가 급격히 감소하는 지역, 또는 20년 이상 노후건축물 비율이 50% 이상을 차지하는 지역 등이 그 기준이 된다. 이렇게 지정된 도시재생활성화지역에 한하여 도시재생활성화계획이라는 실행계획 성격의 법정계획을 수립할 수 있다. 그리고 도시재

| 2021년 기준 전국 쇠퇴도시 현황

구분	판단기준
사회지표	· 5년간 평균 인구성장률 감소
경제지표	· 5년간 총 사업체 수 변화율 감소
환경지표	· 20년 이상 노후 건축물 비율 50% 이상

▼

도시쇠퇴 진행중	· 134곳 (3개 지표 중 2개 해당 지역)
도시쇠퇴 징후 시작	· 49곳 (3개 지표 중 1개 해당 지역)

자료: 도시재생종합정보체계 (https://www.city.go.kr/portal/policyInfo/urban/contents11/link.do)

생활성화계획은 도시재생 국비지원 공모를 위한 공모 자료로 활용된다. 따라서 도시재생활성화계획을 수립할 수 있고 국비지원을 위한 사업공모에도 신청할 수 있으려면 도시재생활성화지역으로 반드시 지정되어야 한다.

그렇다면, 도시재생활성화지역은 어떤 의미를 지니기 때문에 국비지원을 위한 자격요건이 주어지는 것일까? 도시재생활성화지역 지정을 위한 지정기준에서 확인할 수 있듯이 인구사회적 측면, 산업경제적 측면, 물리환경적 측면 등 세 가지 부문 중 두 개 이상 부문의 요건을 충족한다면 이 지역은 이미 복합적인 도시쇠퇴가 진행되고 있는 것으로 볼 수 있다. 복합적인 도시쇠퇴 문제가 더 이상 급속도로 확산되기 이전에 환경 개선, 공동체 회복 등을 통해 쇠퇴하고 있는 지역에 새로운 기회를 공공지원을 통해 제공하는 것이 도시재생의 시작이다. 다시 말해 쇠퇴된 지역의 종합적 개선을 위한 공공주도의 새로운 기회를 제공하기 위함이라 할 수 있으며 이는 출산율 제고와는 거리가 있다.

❸ 도시재생사업 목적을 확인할 수 있는 언론보도

주거환경의 종합적 개선 노력

지역 언론사 기획 기사*로 국내 도시재생 성공사례가 소개된 적이 있다. 노후 저층 주거지를 대상으로 하는 성공사례에 대해 짚어 보는 기사였는데 대표적인 사례로 제주시 원도심 남성마을과 경기도 안양시 명학마을이 소개되었다. 제주 삼도동 남성마을

* 자료: 부산일보, 2023.10.31, [산복도로 '볕들 날'] 주민주도로 주거환경 바꾸니…"동네 확 달라지고 삶도 활력"

[산복도로 '별 들 날'] 주민주도로 주거환경 바꾸니…
"동네 확 달라지고 삶도 활력"

[산복도로 '별 들 날'] 4. 국내 도시재생 성공사례

제주 원도심 주거촌 남성마을
임대주택·공공공간·쉼터 조성
신당 팽나무 등 정체성도 공존

슬럼화 경기 안양 명학마을
주민 조합 결성 사업 방향 결정
스마트 하우스·공유주방 갖춰

자료: 부산일보, 2023.10.31, [산복도로 '별들 날'] 주민주도로 주거환경 바꾸니…
"동네 확 달라지고 삶도 활력"

도시재생사업은 2019년부터 시작하였으며 빈집 터에 주민 쉼터, 주차장, 마을도서관 등 생활편의시설을 설치하거나 주민 축제를 위한 광장 등을 조성하였다. 그리고 24가구가 입주 가능한 공공임대주택을 조성하는 등 노후주거지역의 열악한 환경을 개선하는데 집중하였다.

또한 안양시 명학마을*은 2013년 재개발사업이 무산되며 슬럼화되던 마을을 변화시키기 위해 2015년부터** 도시재생사업을 추진하기 시작하였다. 명학마을 도시재생사업의 목표는 마을환경 개선을 통한 주민 생활복지 구현에 있었으며 이를 위해 마을 내 기반시설(보행자 도로, 주차장 등) 정비, 거점사업 조성, 노후불량주택 수리 등을 추진하였다.

빈집을 활용한 마을호텔 및 셰어하우스 조성

전남 순천시 저전동은 빈집과 마을 내 유휴공간 등의 정비를 통해 노후주거지 환경을 개선한 모범사례로 언론기사에 소개된 바 있다. 언론기사*** 보도에 따르면 저전동 정원마을은 최근 20년간 신도시개발, 택지개발 등으로 인해 인구가 유출되며 마을이 침체되어 오던 중 도시재생사업을 추진하며 주거환경 개선에 집중함으로써 새로운 공간으로 탈바꿈한 사례이다.

저전동 도시재생사업은 2017년에 선정된 사업으로 「비타민 저전골 도시재생활성화계획」에 따르면 마을 내 건축물은 1990년대 이전에 지어진 건물로 20년 이상 노후건축물 비율이 약85%를 차지하는 것으로 나타났다. 뿐만 아니라 과거에는 인근 여수, 광양

---

* 자료: 안양시, 2018, 안양 8동 두루미 명학마을 도시재생활성화계획

** 도시재생 국비지원사업 공모에서 선정된 해는 2017년이지만, 그 이전인 2014년부터 '안양시 도시재생활성화 및 지원 조례'를 제정하고 2015년 1월부터 도시재생 전담부서를 신설하는 등 도시재생사업을 위한 기반을 구축해 나가기 시작하였다(안양시, 2018, 안양 8동 두루미 명학마을 도시재생활성화계획)

*** 자료: 굿모닝투데이, 2023.3.6, 저전동 정원마을, 도시재생사업 모범사례 '주목'

"저전동 정원마을, 도시재생사업 모범사례 '주목'"

순천시 저전동 정원마을이 도시재생사업 모범사례로 꼽히며 주목을 받고 있다. 저전동은 최근 20년간 신도시 및 택지개발에 따른 인구 유출로 마을 공간이 침체되었지만 도시재생사업으로 주거환경개선에 힘써 마을단위 공간혁신을 이뤄냈다.
빈집을 활용하여 마을호텔(3개소)과 셰어하우스(4개소) 등을 조성하였고, 거점 부근에 유휴지를 활용하여 테마포켓정원(5개소)을 만들었다.

자료: 모닝투데이, 2023.3.6, 저전동 정원마을, 도시재생사업 모범사례 '주목'

등에서 고교 입학을 위해 하숙 등을 하던 대표적인 학교 밀집지역으로 골목상권이 활성화되었던 곳이었으나 학생 수 감소로 지역 쇠퇴가 진행되고 있는 곳이기도 하다.

이러한 지역의 빈집을 활용하여 마을호텔, 셰어하우스 등을 조성하여 마을 활력을 제고함과 동시에 유휴부지를 활용하여 포켓

정원을 조성하였다. 또한 사업 추진과정에서 주민들의 의견을 적극적으로 수렴하고 참여를 유도함으로써 지속적인 노후주거지 관리의 가능성을 높이는 기회로 활용하였다. 그 결과 노후주거지가 활력을 되찾기 시작하면서 여러 지자체에서 선진지 방문이 이어지고 있다고 한다.

도시재생사업을 통한 청년유입 어려움

쇠퇴지역 활성화를 위해 재생사업에서 다양한 방법으로 청년을 유입시키기 위한 지원사업을 추진해 왔다. 도시재생사업 대상지역이 대부분 인구가 감소하고 있으며 거주자 대부분이 노인이기 때문에 지역의 활력 제고를 위해 청년계층의 유입이 필요하다는 판단이었다. 대표적인 사업은 전통시장, 상점가 등에 청년몰을 조성하거나, 청년창업을 준비하기 위한 공간을 마련하는 사업 등을 들 수 있다.

그러나 한 언론보도*에 따르면 2017년에 시작된 인천 청년상점가 '눈꽃마을'은 개장 초기에 예능 프로그램에 소개되며 인기를 모았지만 현재는 모두 문을 닫고 텅 빈 상태라고 한다. 문제는 이것이 인천만의 상황은 아니라는 점이다. 청년몰 사업에 투입된 예산만 약 780억 원에 달하지만 전국 청년몰 633개 점포 중 약 40%는 휴·폐업 상태라고 한다.** 사업 초기에는 많은 사람들의 관심을

---

* 자료: KBS뉴스, 2023.10.15, 700억 들였는데 '줄폐업'...갈 길 잃은 '청년몰'

** 자료 : KBS뉴스, 2023.10.15, 700억 들였는데 '줄폐업'...갈 길 잃은 '청년몰'

받으며 창업을 시작하지만 결국 지속가능한 유지·관리의 어려움으로 인해 사업을 이어나가지 못하고 시설유지 기간이 종료되거나 정부지원이 종료되면 청년들은 지역을 떠나는 일이 비일비재하다.

"700억 들였는데 '줄폐업'…갈 길 잃은 '청년몰'"

지금까지 이 사업에 투입된 예산만 780억 원, 하지만 전국 청년몰 633개 점포 중 약 40%는 휴업, 또는 폐업한 걸로 파악됩니다.
매장만 열었을 뿐 사업이 지속가능하도록 도와줄 사후관리 부족이 원인으로 손꼽힙니다.

자료: KBS뉴스, 2023.10.15, 700억 들였는데 '줄폐업'…갈 길 잃은 '청년몰'

청년몰, 청년창업공간 조성 등의 사업이 지속되기 어려운 것은 창업 단계에만 집중되는 지원과 같이 운영상의 미흡한 점도 있겠지만, 이보다 더욱 중요한 것은 청년들이 선호하고, 지역에서 일하고 싶고, 살고 싶은 환경이 조성되어야 한다는 점이다. 인구가 감소하며 남겨진 빈집, 빈 점포 등을 리모델링하여 새 공간을 마련해 준다 할지라도 점포 밖의 상황은 노후된 건축물, 인프라 등이 그대로 방치되어 있고, 소비자는 대부분 노인인 상황에서 청년이 홀로서기로 성공을 바라는 것은 무리일 수 있다.

"너도나도 창업 공간 준다는데 잘 안 되는 이유…
"접근성·인프라 고민해야"

도심에 있는 오래된 조선소나 곡물창고, 빈집 등을 지방자치단체 등에서 리모델링해 청년들의 창업 지원 공간으로 만들어내는 사례들이 유행처럼 번지고 있다. 침체된 지역 경제에 활력을 불어넣고 신규 인력을 해당 지역으로 끌어들이려는 시도다. 하지만 입지나 주변 환경 등을 고려하지 않은 전시행정이라는 비판도 나온다. (이하 생략)

자료: 조선비즈 2019.12.16, 너도나도 창업 공간 준다는데 잘 안 되는 이유..

❹ 도시재생 우수사례와 공통점

공주 제민천변 활성화 사업

도시재생사업을 추진 중인 지자체에서 선진지 답사를 위해 많이 찾는 지역 중 하나가 공주 원도심 제민천 인근 지역이다. 제민천을 중심으로 하는 이 지역이 도시재생 국비지원사업에 선정된 것은 2019년이지만, 이미 그 이전인 2014년부터 제민천 생태하천 조성사업, 2015년 고도육성사업을 통한 한옥마을 조성 등을 집중적으로 추진해 왔다. 원도심의 환경자원과 역사문화자원을 적극적으로 활용하여 한 장소에 집중적으로 유관사업을 전략적으로 집중시킨 효과가 발현되고 있는 대표적인 사례라 할 수 있다.

제민천변 중심시가지형 도시재생사업은 제민천, 하숙마을, 고도 역사문화, 나태주 시인 등을 테마로 한 문화거점 공간, 골목길 특화사업 등을 활발히 추진하였다.「공주시 중학동 도시재생활성화계획」에 따르면 제민천을 주변으로 한 일대는 전반적으로 타 부처 사업으로 추진하는 고도(古都) 이미지 찾기 사업을 통해 한옥을 활성화하고 도시재생사업을 통해 다양한 역사, 문화 거점을 곳곳에 설치하고 이를 골목길로 연결하는 전략으로 접근하였다.

그 결과 다양한 거점시설, 골목길 공간에 지역주민뿐만 아니라 전국 각지에서 찾아온 청년층 등이 책공방, 게스트하우스, 카페 등 특색 있는 가게를 열기 시작했다. 이것이 또 다른 제민천변의 즐길거리를 제공하며 주말에는 많은 관광객들로 붐비는 공간으로 재탄생하였다. 단순한 공공의 지원을 통한 문화거점시설 조성으

| 공주 제민천변 현황

제민천 주변 전경주간

제민천 주변 전경야간

자료: 저자 촬영(2024.5)

로 끝난 것이 아니라 이것이 유도책이 되어 다양한 민간의 참여를 통해 그야말로 고도의 이미지에 부합하면서도 공주 원도심만이 가지는 특색 있는 경관과 즐길거리를 창출하는 성과를 거둔 것이다.

순천 새뜰마을사업과 '청수정'

순천 청수골 새뜰마을사업을 추진한 금곡동 일대는 원도심의 달동네라 불리던 노후주택가이다. 이곳은 주민들의 참여로 새뜰마을 국비지원 공모에 지원하여 2015년에 선정되었고 5년간 노후주거지 생활여건을 개선하는 사업이 추진되었다. 새뜰마을사업으로는 마을에 소방도로 개설, 도시가스 공급, 하수관로 정비, 빈집 철거, 노후주택 집수리 등 생활기반을 구축하는 사업에 집중하였다.*

이처럼 가장 기본이 되는 주거생활 기반을 마련하는 사업과 함

* 자료: 동아일보, 2022.7.6, "순천시 청수골 새뜰마을, 생활여건 개선사업 모범사례로 주목 (https://www.donga.com/news/article/all/20220705/114307921/1)

| 순천 청수정 현황

청수정 인근 주거지역(사업 후)

청수정 엄니밥상

자료: 저자 촬영(2019.10)

께 지역주민의 일자리를 창출하기 위한 거점공간 조성도 추진하였다. 동시에 주민이 참여하는 협동조합 설립도 준비해 나갔다. 노후주택이 밀집하여 마땅한 마을공동이용시설이 없던 지역이었기 때문에 새뜰마을사업을 통해 주민공동이용시설을 설치함과 동시에 주민 커뮤니티 공간을 마련하였다. 그 방식은 마을에 버려진 한옥을 개조하는 것이었고 이렇게 만들어진 공간은 주민이 운영하는 마을식당과 카페로 탈바꿈하였다. 그리고 인근의 빈집을 철거한 곳에서 마을 텃밭을 가꾸어 채소도 재배하여 공급하고 있다.

도시재생사업과 출생율

도시재생사업과 출생율을 바라보는 두가지 시각. 첫번째,

"도시재생사업은 지방도시 출산율 제고 수단이 될 수 있다"

수도권에 비해 지방도시 인구가 적은 것이 사실이지만 지방도시 합계출산율을 따져보면을 따져보면 수도권 지역, 전국 평균을 모두 상회한다. 다시 말해, 지방도시에서는 수도권 등으로의 인구유출로 인해 출산 가능 인구수가 현재는 낮은 수준이지만 거주 중인 생산가능 인구의 출산율은 월등히 높다.

바로 이 점에 주목할 필요가 있다. 궁극적으로 우리나라 출산율 제고에 기여해야 하고 동시에 지방도시 생산가능 인구를 유입시킴으로써 수도권으로의 인구쏠림 현상은 완화하는 일석이조의 전략 마련이 필요하다. 그리고 그 대표적인 수단 중 하나로 주거환경, 생활환경의 근간을 마련하는 도시재생사업을 고려해 볼 수 있다. 노후주택 정비, 골목길·도로 정비, 공동이용시설 설치, 마을공동체 강화 등을 통해 안전한 주거환경과 마을 공동육아가 가능한 새로운 개념의 주거지 조성을 통해 지방도시 출산율 제고에 기여할 수 있을 것으로 기대된다.

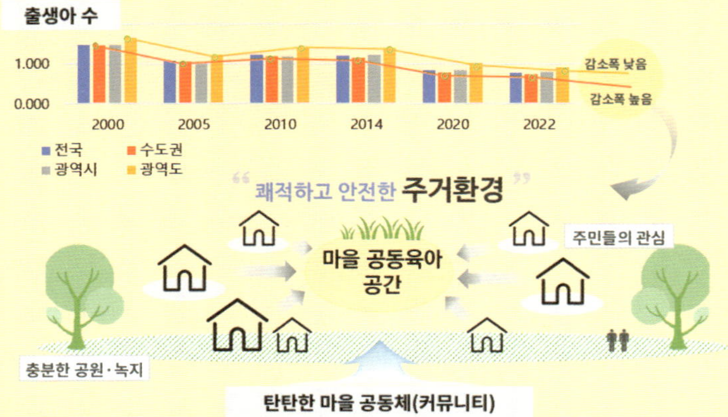

자료: 저자 작성

도시재생사업과 출생율을 바라보는 두가지 시각. 두번째,

"도시재생사업은 출산율 제고 수단과는 무관하다."

기본적으로 도시재생사업 대상은 노후 원도심 지역으로 젊은 거주인구 자체가 적은 지역이다. 아이 울음소리를 들은 지 오래된 지역이 대부분으로 도시재생사업에 참여하는 주민협의체 구성도 노인이 대부분이다. 이러한 지역에서 도시재생사업을 통해 출산가능 인구를 유입시킨다는 것은 불가능하다.

뿐만 아니라, 이는 노후환경의 정비·리모델링을 통해 지역활력을 제고하기 위해 추진되는 도시재생사업의 목표, 지향점과도 괴리가 있다. 도시재생사업이 지역 여건 등에 따라 천차만별이기 때문에 혹여 젊은 계층이 거주하는 지역에서 공동육아의 장이 마련되는 사례도 있을 수 있지만 극히 드물다. 이보다는 일반적인 도시재생사업의 비전과 목표를 설정하고 지속적으로 추진해 나가는 것이 바람직하다. 늘어나는 지방도시의 유휴부지, 빈집 등에 조금 더 집중하고 오래된 도시를 효율적으로 관리해 나가는 방안을 구체화하는 것이 현재로서는 더욱 필요한 일이다.

연도별 쇠퇴도 및 도시재생활성화지역 선정건수

자료: 저자 작성

3

출산율 이슈를 고려한 지방도시 도시재생정책 방향 재점검

도시재생사업은 그동안 정책적 대상에 포함되지 않았던 도시 지역 도심 내부 쇠퇴 심화 문제에 종합적으로 대응함으로써 도시 경쟁력을 강화하기 위한 목적으로 시작되었다. 인구 감소, 사업체 수 감소, 노후건축물 증가 등의 복합적 쇠퇴현상 심화에 따른 사회문제 증가, 삶의 질 저하 등의 문제가 심각해지기 이전에 과거 전성기 시절의 활력을 되찾기 위한 방안을 주민참여를 통해 찾아내고 발굴, 시행하고자 노력해 왔다. 그동안 관리의 사각지대에 놓여 있던 도시 내 쇠퇴지역 곳곳은 도시재생사업을 통해 천천히 변화해 왔으며 그 결과 도시재생사업은 도시 내 지역 간 균형발전, 나아가 도시 간 균형발전 측면에서 실질적인 실천방안으로 인식되어 왔다.

도시재생사업 지역은 쇠퇴지역의 특성상 젊은 인구가 빠져나가고 고령층만 남아 있는 지역이 대다수였다. 도시재생사업 방식은 여러 가지 방식으로 접근이 가능하기 때문에 지속가능한 도시 활력 제고 측면에서 쇠퇴된 도심에 청년인구를 유입시키기 위한 다양한 사업을 전개해 왔다. 대표적인 사업이 전통시장의 빈 점포에 청년창업을 유도하는 청년몰 사업이다. 그러나 결과는 만족스럽지 못했다. 별다른 기반 없이 저렴한 창업 공간을 제공하는 것만으로는 청년계층이 지역에 뿌리내리기 어려웠다. 양질의 일자리도 중요하고 그에 맞는 양호한 생활환경과 주거환경의 복합적인 제공이 필요함을 확인하는 과정이었다.

그동안의 실패와 성공의 경험을 토대로 이제는 도시재생사업을 조금 다른 측면에서 재점검할 때가 되었다. 초기 도시재생정책을 도시경쟁력 강화 측면에서 시작해 왔으나 최근에는 지역균형발전 측면에서 강조되는 것과 같이 현장의 정책 수요와 사업의 효과 등을 고려하며 정책 방향의 초점을 변경해 가는 것은 자연스러운 일이며 꼭 필요한 일이기도 하다.

전 세계적으로도 보기 어려운 초저출산 현상을 보이는* 우리나라는 출산율 제고를 위해서라면 어떠한 노력이라도 해야 하는 절박한 시점에 와 있다. 출산율 제고라는 것은 지금부터 시작해도 몇 년이 걸려 효과가 나타날지 미지수이기 때문에 빠르면 빠를수

* 2022년 기준 OECD 국가 평균 1.49, 캐나다 1.33, 미국 1.66, 영국 1.49, 일본 1.26, 대한민국 0.78(나무위키, OECD 회원국의 출산율 통계(https://namu.wiki/w/OECD)

록 좋다. 그리고 출산율 문제는 도시재생사업의 주요 대상이 되는 지방도시의 생존과도 직접적으로 맞닿아 있기 때문에 도시재생정책과 사업 추진과정에서 더 이상 간과하기 어려운 핵심적인 정책 이슈일 수밖에 없다.

지난 10년간 도시재생사업을 추진해 오면서 출산율 제고를 위해 사업을 발굴하지는 않았던 것은 사실이다. 앞서 살펴본 바와 같이 고령층 거주가 대부분인 노후 도심지역 특성상 출산율은 조금 동떨어진 이슈였던 것이 사실이다. 그리고 노인이 주로 거주하는 쇠퇴된 노후 저층 주거지에 젊은 층을 유입시키는 것은 지금까지의 도시재생사업의 방식, 사업내용과는 전혀 다른 새로운 사업일 가능성도 있다. 게다가 청년층을 유입하고 이들이 지역에 뿌리를 내리고 가정을 이루며 살 수 있도록 기반을 마련한다 할지라도 청년몰의 경험처럼 시설만 조성한 뒤 얼마 있지 못하고 떠나버리는 전철을 밟을 가능성도 전혀 배제하기는 어렵다.

지금까지는 도시재생사업과 출산율을 직접적으로 연관 짓기 어려웠고, 불가능한 것이라 인식해 왔지만 앞으로는 접근방식을 달리해야 한다. 지방도시 인구 감소 문제를 해소하고 동시에 국가 출산율 정책에 기여하기 위해서라도 도시재생사업 추진과정에서 현재 주민 대부분을 차지하는 노인뿐만 아니라 영유아, 청장년층 등을 위한 정책과 사업도 다양하게 포함할 필요가 있다. 지금까지의 도시재생사업이 노후주택 정비를 지원하고 안전한 골목길을 조성하고 주민이 어울려 지낼 수 있는 공동이용시설을 조성해 온 것과 크게 다르지 않다. 다만 공동이용시설의 종류, 이용계층, 이용방식, 프로그램 등을 다양화하고 젊은 층도 살고 싶어지는 노후 저층 주택이 될 수 있도록 주거환경 변화를 천천히 그리고 특색 있게 바꿔 나가야 한다. 지방도시 합계출산율이 높다는 점을 기억하고, 도시재생사업을 통해 더 이상의 인구유출이 없도록 정주여건을 개선하는데 더욱 집중하여야 한다.

도시재생사업은 천천히 추진되는 사업인 만큼 한술에 배부르기를 바라기보다 한 걸음씩 노력과 관심을 더해가야 한다. 지방도시에서도 청년층이 자리를 잡고 출산, 육아, 돌봄을 하며 만족스러운 삶을 살 수 있도록 새로운 주거 및 생활환경을 만들어 가는 노력이 필요하다. 장기적으로는 이러한 주거환경이 공동주택으로 빼곡한 수도권 지역과는 구별되는 지방도시 만의 쾌적하고 안전한 주거환경의 대표적인 이미지로 자리매김할 가능성도 있다. 탄탄한 지역 커뮤니티, 공동체 의식을 바탕으로 마을 어르신과 함께 아이들을 돌보고, 육아정보와 지혜를 공유하며 자유롭게 마을공원과 골목에서 뛰놀 수 있는 환경은 지방도시에서만 누릴 수 있는 특권이 되기에 충분하다.

단행본 및 논문

국토교통부. 2017/2019/2021/2022, 주거실태조사 통계보고서

국토교통부, 2024, 제2차 국가도시재생 기본방침 수립 연구

국토교통부·LH 도시재생지원기구, 2020, 도시재생우수사례 30선

국토연구원·전국도시재생지원센터협의회(2020), 현장에서 도시재생을 바라보다

박혜림, 2023, 지자체 출산지원정책의 효과분석 및 정책적 시사점, TIP 97

경기도 광명시, 2020.11, 광명시 광명3동 주거지지원형(총괄사업관리자) 도시재생계획

경기도 평택시, 2020.10, 평택시 신장2동 도시재생실행계획(우리동네살리기)

경상남도 고성군, 2020.7.3., 송학고분군지구 도시재생실행계획(우리동네살리기)

경상남도 함안군, 2020.7, 함안군 도시재생활성화계획(일반근린형)

경상북도 구미시, 2020, 구미시 선주원남동 일반근린형 도시재생활성화계획

경주시, 2021.1, 경주시 도시재생활성화계획(일반근린형)

고창군, 2021.1, 고창 옛도심지역 일대 도시재생활성화계획

곡성군, 2020.9, 공성군 석곡면 도시재생활성화계획(일반근린형)

광주광역시 남구, 2021.1, 방림2동 우리동네살리기 실행계획-사람, 세상, 미래를 잇는 뽕뽕다리 밋밋들마을

군포시, 2020.12, 군포역세권 도시재생활성화계획

금산군, 2020.12, 금산군 중도·하옥지역 도시재생활성화계획(일반근린형)

대구광역시 달서구, 2020.11, 대구광역시 달서구 상인3동 도시재생뉴딜사업 실행계획(우리동네살리기)-보름달에 꽃비 내리는 정다운 골목 스토리-

대전광역시 동구, 2020.12, 대전광역시 동구 낭월동 도시재생활성화계획(일반근린형)

부산광역시 동구, 2020. 11.17, 동구 좌천동 일원 도시재생뉴딜사업 활성화계획(주거지지원형)

부산광역시 부산지구, 범천지역 도시재생활성화계획(주거지지원형)-삶의 불빛을 잇다. 호천 르네상스-

부산광역시 북구, 2020.9, 부산광역시 북구 덕천동 도시재생활성화계획-공유바람, 숙등을 채우다-

부산광역시 연제구, 2020.11, 연산 8동 도시재생실행계획(우리동네살리기)

부산광역시 해운대구, 2020.12, 해운대구 반여 2·3동 도시재생활성화계획(일반근린형)

부산시 사상구, 2019.11, 괘내생태문화마을 실행계획서(우리동네살리기)

부천시, 2020.12, 심곡본동 도시재생활성화계획(일반근린형)

삼척시, 2019.3, 삼척시 성내지구 도시재생활성화계획

서귀포시, 2020.10, 서귀포시 원도심(중앙동) 도시재생활성화계획(일반근린형)

서울특별시 중랑구, 2020.7.3., 중화2동 도시재생활성화계획(일반근린형)

서천군, 2021.1, 서천읍 터미널지역 도시재생활성확계획(일반근린형)

성주군, 2020.12, 성주군 성주읍 도시재생활성화계획(일반근린형)

순창군, 2021.1, 순창읍 중앙로 일원 도시재생활성화계획

시흥시, 2019.6, 시흥시 대야동 한울타리 마을 도시재생활성화계획

안양시, 2018, 안양 8동 두루미 명학마을 도시재생활성화계획

영동군, 2020.10, 영동군 실행계획(우리동네살리기)

예천군, 2020.12, 예천군 노하·동본·남본지역 도시재생활성화계획(일반근린형)

오산시, 2020.12, 궐동 도시재생활성화계획(주거지지원형)

용인시, 2021.1, 용인시 신갈오거리지역 도시재생활성화계획

울산광역시 울주군, 2020.7, 온산읍 덕신리 도시재생활성화계획(일반근린형)

익산시, 2020.12, 익산시 신청사지역 도시재생활성화계획

전라남도 진도군, 2020.9, 진도군 도시재생활성화계획

전주시, 2021.3, 팔복1지역 도시재생활성화계획(주거지지원형)

정선군, 2020.9, 고한읍 도시재생활성화계획(일반근린형)

제주시(2016) 제주 원도심(모관지구) 도시재생활성화계획

제천시, 2020, 제천시 서부동 도시재생활성화계획(주거지지원형)

진안군, 2021.1, 진안 우화 도시재생활성화계획

진주시, 2020.12, 진주시 강남지구 도시재생활성화계획

진천군, 2020.12, 진천읍 도시재생활성화계획(일반근린형)

창원시, 2020.1, 소계동 도시재생활성화계획

철원군, 2020.11, 철원군 갈말읍2지구 도시재생활성화계획

철원군, 2020.11, 철원군 근남면 도시재생 실행계획(우리동네살리기형)

청송군, 2020.12, 진보진안 도시재생활성화계획(일반근린형)

칠곡군, 2020.12, 왜관읍 도시재생활성화계획

통영시, 2020.7, 경상남도 통영시 도시재생활성화계획(일반근린형)

하남시, 2020. 12, 하남시 신장동 도시재생활성화계획

하동군, 2020.7, 하동군 도시재생활성화계획(주거지지원형)

해남군, 2020.9, 해남 도시재생활성화계획(일반근린형)

법령

「도시재생 활성화 및 지원에 관한 특별법」

언론보도

KBS 뉴스, 2024. 6. 21, OECD 합계출산율 60년새 반토막…'꼴찌' 한국은 8분의1로 추락(https://news.kbs.co.kr/news/pc/view/view.do?ncd=7993779, 검색일: 2024. 6. 30)

KBS뉴스, 2023.10.15., 700억 들였는데 '줄폐업'...갈 길 잃은 '청년몰'(https://news.kbs.co.kr/news/pc/view/view.do?ncd=7793386, 검색일 : 2024. 1. 19)

굿모닝투데이, 2023.3.6., 저전동 정원마을, 도시재생사업 모범사례 '주목'(http://www.gmitoday.com/news/articleView.html?idxno=8624, 검색일 : 2024. 1. 19)

뉴스 1, 2021.6.1., 제주북초 김영수도서관 재개관 2년..."원도심이 북적북적" (https://www.news1.kr/local/jeju/4324730, 검색일 : 2024. 1. 19)

뉴스1, 2023.8.16., 음성군 역말공동육아나눔터, 주민 소통공간으로 '자리매김'(https://www.news1.kr/local/sejong-chungbuk/5141358, 검색일 : 2024. 1.17)

동아일보, 2022. 7. 6, "순천시 청수골 새뜰마을, 생활여건 개선사업 모범사례로 주목(https://www.donga.com/news/article/all/20220705/114307921/1, 검색일 : 2024. 1. 19)

무등일보, 2023.10.24., 지역소멸 위기 속 광주 동구 출산율 '눈부신 반등'(https://www.mdilbo.com/detail/bXUD6W/705166, 검색일: 20.24. 1.16)

부산일보, 2023.10.31, [산복도로 '별들 날'] 주민주도로 주거환경 바꾸니..."동네 확 달라지고 삶도 활력"(https://www.busan.com/view/busan/view.php?code=2023103118270759948, 검색일 : 2024. 1.16)

연합뉴스, 2023.5. 8, "장려금 100만원에 출산율 0.03명 ↑··· 인프라 늘면 0.098명 ↑"(https://www.yna.co.kr/view/AKR20230505025600530?input=1195m, 검색일 : 2024. 1. 17)

조선비즈, 2019.12.16., 너도나도 창업 공간 준다는데 잘 안되는 이유..(https://biz.chosun.com/site/data/html_dir/2019/12/13/2019121302691.html, 검색일: 2024. 1. 17)

중부 매일, 2021.6.23., 음성군, 음성 최초 '역말공동육아나눔터' 개소(https://www.jbnews.com/news/articleView.html?idxno=1343857, 검색일: 2024. 1. 21)

충청투데이, 2024. 7.20, "대전, 출산율 깜짝 반등···살고 싶은 환경이 곧 낳게 된 이유"(https://www.cctoday.co.kr/news/articleView.html?idxno=2174596, 검색일: 2024. 1. 16)

충청투테이, 2023.8.16., 음성 '역말 공동육아나눔터' 돌봄공백 지원(https://www.cctoday.co.kr/news/articleView.html?idxno=2182998, 검색일: 2024. 1.21)

인터넷 자료

국토연구원 도시재생라이브러리 도시재생사례 (https://ubin.krihs.re.kr/ubin/na/ntt/selectNttInfo.do?nttSn=11872&mi=1018&bbsId=1012)

나무위키, OECD 회원국의 출산율 통계 (https://namu.wiki/w/OECD)

도시재생종합정보체계 (https://www.city.go.kr/portal/policyInfo/urban/contents11/

link.do)

음성군 지역활성화지원센터 홈페이지 (http://ervc.or.kr/board/news/view/wr_id/150/key/90)

02

도시재생의 정체성

공공주도와 민간주도 그 사이 어딘가

도시재생사업의 주체는 누구인가?

1 도시재생사업은 쇠퇴한 지역을 살리는 공공주도 사업이다

2 도시재생은 다양한 주체가 참여하는 민간주도 사업이다.

3 공공주도와 민간주도 사이 도시재생사업의 정체성

김유란

도시재생사업의 주체는 누구인가?

모든 정보가 인터넷을 통해 연결되는 초연결 시대라 하지만, 지역에는 온라인에서 대체할 수 없는 콘텐츠의 힘이 있다. 지역의 정체성을 찾고 지역다움을 회복하기 위해, 우리는 물리적 공간에서 도시재생이라는 방법을 통해 풀어가려 하며, 이는 다양한 주체들의 참여가 필수적이다.

2013년부터 시작된 도시재생사업은 주민 개인부터 공공까지 다양한 주체가 참여하고 있다. 도시재생의 선진사례라 불리는 영국, 일본 등에서는 도시재생을 다양한 주체가 참여하는 넓은 의미로 포괄하고 있는데 비해, 우리나라는 공공을 중심으로 하는 매우 제한적인 접근으로 인식하고 있다. 우리에게 익숙한 도시재생의 이미지는 주민참여와 마을만들기를 중심으로 한 공공지원사업이라 해도 과언이 아니다.

이러한 방식도 분명 도시재생사업이지만, 이것이 도시재생의 전부는 아니다. 우리가 궁극적으로 목표로 하는 도시재생은 어떤 모습이며, 어떤 주체가 함께해야 하는가? 주체에 따라 도시재생 정책과 사업을 바라보는 시각은 어떻게 다른가? 「도시재생 활성화 및 지원에 관한 특별법(이하, 도시재생법)」에 따르면 '도시재생'이란 "인구의 감소, 산업구조의 변화, 도시의 무분별한 확장, 주거환경의 노후화 등으로 쇠퇴하는 도시를 지역역량 강화, 새로운 기능의 도입·창출 및 지역자원의 활용을 통하여 경제적·사회적·물리적·환경적으로 활성화시키는 것"을 말한다. 여기서 도시재생이란 광의의 도시재생사업으로 사업유형에 따라 사업의 참여주체가 다양하게 변화할 수 있다.

도시재생은 목적에 따른 다양한 출처의 재원을 가지고 있는 개별사업을 한 장소에 집중적으로 추진하고 재원 출처에 따라 도시재생사업을 구분하기도 한다. 최근 도시재생사업이 전국적으로 확대됨에 따라 일반적인 '도시재생사업'이라 함은 공공예산 지원사업, 즉 공공부문의 재생사업만을 이야기하는 협의의 의미로 도시재생을 오해하는 경우도 적지 않다.

그러면, 도시재생 선진국의 사례와 같이 광의의 도시재생을 실현하기 위해서는 어떤 주체가 필요할까? 다양한 참여주체가

| 재원 출처에 따른 도시재생사업 구분

<table>
<tr><th colspan="2">사업 구분</th><th>특성</th></tr>
<tr><td rowspan="3">예산사업</td><td>마중물사업</td><td>사업 간 연계를 유도하고 민간의 투자를 유치하기 위하여 전략적으로 추진하는 사업</td></tr>
<tr><td>부처협업사업</td><td>활성화지역 내에서 중앙부처의 지원 예산으로 추진하는 사업</td></tr>
<tr><td>지자체사업</td><td>쇠퇴지역의 활성화를 목적으로 지자체 자체 예산으로 추진 중이거나 추진 예정인 사업</td></tr>
<tr><td colspan="2">공공기관투자사업</td><td>활성화지역 내에서 공기업 등 공공기관 재원이 투입되는 공공임대주택 건설 등 공익사업</td></tr>
<tr><td colspan="2">민간주도사업</td><td>민간기업 자본이 투입(출자, 투자, 매입확약, 마스터리스 등을 포함하는 광의의 개념)되는 사업뿐 아니라 사회적 기업이 추진하거나 주민 등의 출자 등으로 추진되는 사업 포함</td></tr>
</table>

자료: 국토교통부. 2019. 2019년 하반기 도시재생뉴딜사업 신청 가이드라인을 기반 ; 이태희. 2020. 민간주도 도시재생사업 활성화 방안- 마중물사업으로 끝나는 도시재생을 넘어. 건설이슈리포트. 한국건설산업연구원 재인용

필요한 도시재생사업에서 그간 참고할 만한 민간주도 사례는 없었는가?

2014년부터 2021년 상반기까지 선정된 도시재생사업 447곳을 대상으로 도시재생활성화계획을 검토해 보면 도시재생사업의 민간주도는 사업유형마다 규모와 크기가 다양하다. 도시재생활성화계획을 기준으로 가장 많은 민간주도가 일어난 사업유형은 일반근린형으로 소규모 주택정비사업계획이 차지하는 비중이 높으며, 지역별로는 부산, 충남, 경북지역에 많은 민간투자가 집중되고 있다.

| 재생사업 유형별 민간투자 현황 (2021년 상반기 기준)

구분	경제 기반형	중심 시가지형	일반 근린형	주거지 지원형	우리동네 살리기형	신규 제도	총 계
			<사업유형>				
전체 사업지 수	14	78	157	71	62	65	447곳
민간사업이 있는 사업지수	13	21	42	30	20	5	131 (29%)
:민간 세부 사업 수	38	27	56	37	24	5	187개
			<사업유형>				
민간복합개발	28	2	3	0	0	2	35
소규모 주택정비	0	4	35	27	18	2	86
대규모 정비사업	3	1	3	1	0	0	8
기타사업	7	20	15	9	6	1	58
합계	38	27	56	37	24	5	187개

자료: 국토교통부 내부자료.

| 지역별 도시재생 민간사업 계획(2021년 상반기 기준) (단위 : 억)

구분	서울	부산	대구	인천	광주	대전	울산	세종	경기
민간 사업지	6	15	7	8	9	9	3	3	17
민간 세부사업	10	22	8	11	12	17	6	3	20
구분	**강원**	**충북**	**충남**	**전북**	**전남**	**경북**	**경남**	**제주**	**합계**
민간 사업지	7	6	11	5	8	10	7	0	131
민간 세부사업	9	7	13	5	10	22	12	0	187

자료: 국토교통부 내부자료

우리가 일반적으로 생각하는 도시재생사업은 대규모 재개발사업이 아닌 마을을 정비하는 공공주도의 소규모 정비사업을 대표적인 이미지로 떠올릴 수 있다. 그러나 최근 추진된 사례들을 통해 도시재생에 민간의 참여가 전국의 다양한 사업유형으로 늘어나고 있음을 볼 수 있다.

그렇다면, 과연 도시재생사업은 쇠퇴한 지역을 살리는 공공주도 사업일까? 다양한 주체가 참여하는 민간주도 사업일까? 무엇이 도시재생사업의 정체성일까?

1

도시재생사업은 쇠퇴한 지역을 살리는 공공주도 사업이다

❶ 공공주도 도시재생사업 추진

2013년 「도시재생법」이 제정된 후 2014년 도시재생 선도사업이 본격적으로 추진되면서, 정부 및 지자체는 국내에서 처음 시행되는 도시재생선도사업에 대한 고민과 실험을 시작하였다. 해외에서는 다양한 도시재생사업이 추진되고 있었지만, 국내에서는 처음 시작하는 사업이기 때문에 정부와 지자체 모두 초기 사업의 성공적 안착을 위해 노력하였다. 그동안 추진해 왔던 지역개발사업과는 다르게 쇠퇴해 가는 도시를 살리기 위한 사업에 심혈을 기울였다. 2017년 문재인 정부가 들어서면서 '도시재생뉴딜사업'이 국정과제로 시작되며 변곡점을 맞게 되었고, 도시재생사업은 전국적으로 확대되었다. 도시재생 선도사업과 도시재생뉴딜사업 두 번의 시도 모두 '도시재생'이라는 사업을 정부 및 공공이 우선적으로 시동을 걸어 시작하였고, 지금까지 도시재생은 공공주도로 이뤄졌다 해도 과언이 아니다.

지금까지 선정된(2017~2020년) 도시뉴딜재생사업을 단위사업 중심으로 분석해 보면, 공공 중심으로 사업을 추진하는 마중물사업의 세부사업 수 비중이 4년 평균 71.58%를 차지하는 것을 볼 수 있다. 이에 비해 민간주도의 세부사업 수 비중은 4년 평균 1.52%에 그치고 있다. 이는 현재 추진하고 있는 도시재생사업이 공공위주의 마중물사업 중심으로 구성되어 있음을 시사한다.

| 연도별 재원 출처에 따른 도시재생사업 구분

구분	세부사업 특성	세부사업 수		사업비	
		개	%	백만원	%
2017년	마중물(a)	1,904	68.91	1,625,846	27.34
	부처연계	447	16.18	1,796,440	30.21
	지자체	287	10.39	766,889	12.90
	민간투자(A)	59	2.14	864,627	14.54
	공공기관	-	-	-	-
	공기업	60	2.17	891,406	14.99
	스마트	-	-	-	-
	N/A	6	0.22	1,588	0.03
	전 체	2,763	100.00%	5,946,796	100.00%
2018년	마중물(b)	2,130	72.90	1,707,567	25.53
	부처연계	400	13.69	1,167,482	17.45
	지자체	270	9.24	768,255	11.48

구분	세부사업 특성	세부사업 수		사업비	
		개	%	백만원	%
2018년	민간투자(B)	42	1.44	1,780,884	26.62
	공공기관	-	-	-	-
	공기업	63	2.16	1,265,345	18.92
	스마트	-	-	-	-
	N/A	17	0.58	0	0.00
	전체	2,922	100.00%	6,689,533	100.00%
2019년	마중물(c)	696	69.67	383,487	38.05
	부처연계	139	13.91	251,720	24.97
	지자체	125	12.51	112,602	11.17
	민간투자(C)	11	1.10	134,027	13.30
	공공기관	-	-	-	-
	공기업	27	2.70	126,113	12.51
	스마트	-	-	-	-
	N/A	1	0.10	0	0.00
	전체	999	100.00%	1,007,949	100.00%
2020년	마중물(d)	2,134	74.82	2,126,508	45.47
	부처연계	281	9.85	394,580	8.44
	지자체	236	8.27	580,446	12.41
	민간투자(D)	40	1.40	113,929	2.44
	공공기관	6	0.21	125,150	2.68
	공기업	105	3.68	1,318,820	28.20
	스마트	50	1.75	17,565	0.38
2020년	N/A	-	-	-	-
	전체	2,852	100.00%	4,676,998	100.00%
전체 종합		9,536		18,321,276	
평균	마중물 (a~d 평균)	1,716	71.58	1,460,852	34.10
	민간투자 (A~D 평균)	38	1.52	723,367	14.23

자료: 임상연 외. 2020. 도시재생사업 선순환 구조 실현을 위한 정책방안 연구. 국토연구원(내부자료)

❷ 공공주도의 조직 현황

여러 개별 사업이 동시다발적으로 일어나고 있는 장소를 중심으로 성공적인 도시재생사업을 시행·운영하기 위하여 각 기초지자체 및 광역지자체에서는 중간지원조직(지원센터)을 운영하고 있다. 정부는 사업 초기 성공적인 안착을 위하여 센터 설치를 의무화하였지만 '22년부터 지자체 자율로 변경하였다.

초기에 공공과 주민 및 현장과의 소통을 위해 만들어진 중간지원조직은 공공주도로 추진되었으며, 이로 인해 공공주도의 조직 구성을 통한 사업 시행이 압도적으로 높은 비율을 보이고 있다. 현재까지 지원센터 총 488개소가 운영 중*이며, 운영 방식별로 행정직영이 70% 수준을 차지한다(1개소당 평균 3.4명 근무).

| 중간지원조직 설립 현황('23.上)

구분	광역	기초	현장	계
설치 개소	16	165	307	488

자료: 국토교통부 내부자료

| 중간지원조직 운영 방식('23.上)

구분	중간지원조직 운영 방식			
	행정직영	법인 (재단·사단)	공공위탁	민간위탁
설치 개소	339(69.5%)	17(3.5%)	26(5.3%)	106(21.7%)

자료: 국토교통부 내부자료

* '22 하반기 기준 500개소 → '23 상반기 기준 488개소

❸ 지자체 및 공기업 중심의 공공주도 사업과 저조한 민간주도

도시재생사업의 민간주도 확대는 중앙·지방정부의 재정 부담을 줄일 뿐만 아니라 양질의 일자리 창출, 사업효과 확산에도 긍정적인 측면을 지니고 있다. 그러나, 그간 도시재생사업은 민간투자사업보다 공공을 중심으로 추진하고 있어 사업의 효과 및 시민 체감도가 낮다는 한계에 부딪히며, 이에 대한 여론이 형성되고 있다.

국토일보*에 따르면 효율적인 도시재생사업, 시민이 체감하는 도시재생사업 추진을 위해 민간주도사업 활성화와 함께 민간투자 확대를 위한 근본적인 정책 전환이 필요하다는 주장이 제기되었다. 기사에 따르면 우선적으로 공공 재원 중심으로 사업을 하다 보니 주민들이 가장 필요로 하는 도로, 공원, 주차장 같은 기반시설을 확충하기에 예산이 턱없이 부족하며, 또한 '개발은 도시재생이 아니다', 혹은 '도시재생은 공공성을 우선해야 하고, 수익성을 추구해서는 안 된다'라는 도시재생에 대한 잘못된 이해로 추진에 한계가 있다는 지적이다. 그래서 사업이 '고쳐 쓰는' 방식, 공공 재원 중심으로만 추진되고 있다 보도하였다.

* 국토일보(2020.2.13). "도시재생사업, 민간주도 활성화 시급…정책 확 바꿔야"

“도시재생사업, 민간주도 활성화 시급… 정책 확 바꿔야”

국토일보(2020.2.13)

(중략)

기본적으로 도시재생이란 쇠퇴하는 도시를 활성화시키는 것으로 지역 상황에 맞게 개발, 보존 등의 수단을 유연하게 선택할 수 있어야 한다. 도시 쇠퇴는 복합적이고 구조적 원인에 의해 발생하는데, 이 문제를 한정된 공적 재원과 공공부문의 노력만 가지고 해결하기 힘들다는 분석이다.

특히 상업과 업무 기능이 집적된 중심시가지나, 대규모 개발사업이 동반되는 경제기반형 사업에서는 민간부문의 참여와 투자가 필수적이며 이를 통해서만이 지속적인 지역 활성화가 가능하다.

(중략)

자료: 국토일보(2020.2.13). “도시재생사업, 민간주도 활성화 시급…정책 확 바꿔야”

또한 다른 기사*에서는 ‘건설정책연구원 세미나’를 통해 중소건설기업이 참여하는 기업참여형 도시재생모델을 모색하고자 ‘중소건설업과 함께 하는 도시재생’세미나를 공동개최 한 내용을 보도하였다. 이를 통해 대기업 뿐 만이 아닌 중소건설업이 도시재생사업의 참여 할 수 있는 역할을 재조명 하였다.

* 국토일보(2021.6.3). “도시재생사업, 기업참여 활성화해야…전문기업 인증·주거재생 플랫폼 구축 촉구”

"도시재생사업, 기업참여 활성화해야…
전문기업 인증·주거재생 플랫폼 구축 촉구"

국토일보(2021.6.3)

중소건설업체들의 도시재생사업 참여 확대 등 기업참여형 도시재생사업 활성화를 위해선 도시재생전문기업 인증, 주거재생플랫폼 구축 등이 시급한 것으로 나타났다. 또한 민간부문 중심의 사업 시행과 함께 공공부문 등 정부의 적극적인 지원이 촉구됐다.

(중략)

자료: 국토일보(2021.6.3).
"도시재생사업, 기업참여 활성화해야…전문기업 인증·주거재생 플랫폼 구축 촉구"

한편, 도시재생 추진 속도와 성과를 확산하기 위해서는 민간주도가 필수지만 사업유형 중 몇몇 사업을 제외한 대부분 유형의 사업에서는 민간투자사업이 거의 포함되어 있지 않거나, 적은 비중을 차지하고 있다. '도시경제기반형'과 '근린재생형(주거지지원형)' 활성화계획을 검토해 보면, 2개 유형 모두 민간투자사업의 비중이 매우 낮게 분포하고 있다. 경제기반형은 12.7%, 근린재생형(주거지지원형)은 3%로 민간주도사업 수가 차지하는 비중이 적으며 마중물사업, 부처협업사업, 지자체사업 등 공공이 추진하는 재정사업이 차지하는 비중이 각각 경제기반형(마중물+부처협업+지자체) 84.2%, 주거지지원형(마중물+부처협업+지자체) 94%로 높게 나타나고 있다.

| 도시경제기반형 도시재생활성화계획 사업유형별 사업내용 분석

특성	사업 구분	세부사업 내용	사업 개수	비중
사업유형구분 (전체 354개 사업 100%)	합계		354	100%
	마중물사업		104	29.4%
	부처협업사업		89	25.1%
	지자체사업		105	29.7%
	민간투자사업		45	12.7%
	공기업투자		11	3.1%

자료: 2014~2020년 각 년도 선정 국비지원사업 경제기반형 도시재생활성화계획 ; 박정은 외(2021). 도시재생사업 실효성 제고를 위한 법제도 개편방안 연구 p.34-41 참고하여 작성

특성	사업 구분	세부사업 내용	사업 개수	비중
사업유형 구분 (전체 1,359개 사업 100%)	합계		1359	100%
	마중물사업		1013	75%
	부처협업사업		95	7%
	지자체사업		167	12%
	민간투자사업		40	3%
	공기업투자		44	3%

자료: 2014~2020년 각 년도 선정 국비지원사업 주거지지원형 도시재생활성화계획 ; 박정은 외(2021). 도시재생사업 실효성 제고를 위한 법제도 개편방안 연구 p.34-41 참고하여 작성

또한 AA지역의 도시재생활성화계획사업 총괄표를 분석해 보면, 민간의 참여를 통해 도시의 경쟁력을 높이는 도시경제기반형 사업임에도 불구하고 민간주도사업은 전무한 실정이다. 도시재생

활성화계획의 사업구성은 마중물사업, 지자체사업, 공공기관 투자사업으로 공공이 추진하는 사업으로 구성되어 있다. 도시재생 활성화계획에 포함된 대부분의 재생사업은 공공주도형 사업에 해당하며 민간이 참여한다 하더라도 일부 민간이 운영하는 형태로 진행되고 있어 진정한 민간주도사업을 기대하기는 어려운 실정이다. 「도시재생법」 내 도시개발사업과 같은 민간개발사업과 연계하는 방안도 포함하고 있으나 실행 사례는 거의 찾아보기 어려운 현실이다.

| AA 도시재생활성화계획 총괄표(도시경제기반형)

구분	사업유형	세부사업명	주관부서	총사업비	사업비(억원)					사업기간
					도시재생 재정보조		지자체 지방비	기타		
					국비	시비		공기업	기금	
마중물사업	혁신인프라	첨단의료기기개발 센터 조성사업	△△	1,400.0	20.0	30.0	620.0	670.0	60.0	'20~'25
	혁신인프라	AA바이오헬스 센터 조성사업	○○시 공공재생과	385.0	110.0	210.0	65.0	-	-	'20~'25
	혁신인프라	AA R&D 지원센터 조성사업	○○시 공공재생과	159.0	72.0	72.0	15.0	-	-	'20~'24
	생활환경	AA 사회혁신 커뮤니티 조성사업	○○시 공공재생과	74.0	25.0	24.0	25.0	-	-	'21~'24
	생활환경	회기로 스마트문화 거리 조성사업	○○시 공공재생과	40.0	3.0	22.0	15.0	-	-	'22~'24
	지역소통	지역소통 활성화사업	○○시 공공재생과	51.4	20.0	17.0	14.4	-	-	'20~'25

구분	사업 유형	세부사업명	주관 부서	총사업비	사업비(억원)					사업 기간
					도시재생 재정보조		지자체 지방비	기타		
					국비	시비		공기업	기금	
지자체 사업	혁신 인프라	○○바이오허브 조성사업	○○시 경제 정책실	1,689.0	-	-	1,689.0	-	-	'17 ~'21
	혁신 인프라	바이오의료 공용 연구장비 구축사업	○○시 경제정책실	250.0	-	-	250.0	-	-	'18 ~'22
	혁신 인프라	바이오의료 기술사업화 R&D 지원사업	○○시 경제 정책실	270.0	-	-	270.0	-	-	'19 ~'23
	혁신 인프라	○○ 바이오펀드 조성사업	○○시 경제 정책실	180.0	-	-	180.0	-	-	'20 ~'22
	생활 환경	친환경 AA 순환버스 시범사업	○○시공 공재생과	35.0	-	-	35.0	-	-	'21 ~'23
	생활 환경	전기자전거 활용 기반 구축사업	○○시 공공 재생과	1.0	-	-	1.0	-	-	'21 ~'25
	생활 환경	연구단지 특화형 스마트생활인프라 조성사업	○○시 공공 재생과	50.0	-	-	50.0	-	-	'21 ~'25
	생활 환경	정릉천 생태문화 공간 조성사업	○○시 공공 재생과	18.0	-	-	18.0	-	-	'20 ~'25

<table>
<tr><th rowspan="3">구분</th><th rowspan="3">사업유형</th><th rowspan="3">세부사업명</th><th rowspan="3">주관부서</th><th rowspan="3">총사업비</th><th colspan="5">사업비(억원)</th><th rowspan="3">사업기간</th></tr>
<tr><th colspan="2">도시재생 재정보조</th><th rowspan="2">지자체 지방비</th><th colspan="2">기타</th></tr>
<tr><th>국비</th><th>시비</th><th>공기업</th><th>기금</th></tr>
<tr><td rowspan="3">지자체 사업</td><td>지역 소통</td><td>캠퍼스문화 특화거리 조성사업</td><td>○○시 공공 재생과</td><td>14.0</td><td>-</td><td>-</td><td>14.0</td><td>-</td><td>-</td><td>'21 ~'22</td></tr>
<tr><td>지역 소통</td><td>지역상권 활성화사업</td><td>○○시 공공 재생과</td><td>9.0</td><td>-</td><td>-</td><td>9.0</td><td>-</td><td>-</td><td>'20 ~'25</td></tr>
<tr><td>지역 소통</td><td>천장산 둘레길 조성사업</td><td>○○시 □□구 공원 녹지과</td><td>18.0</td><td>-</td><td>-</td><td>18.00</td><td>-</td><td>-</td><td>'19 ~'25</td></tr>
<tr><td>공공기관투자 사업</td><td>생활 환경</td><td>지역전략산업 (바이오헬스) 징원주택 조성사업</td><td>△△</td><td>400.0</td><td>-</td><td>-</td><td>-</td><td>200.0</td><td>200.0</td><td>'20 ~'25</td></tr>
</table>

자료 : AA 도시재생활성화계획

2

도시재생은 다양한 주체가 참여하는 민간주도 사업이다.

❶ 도시재생 민간주도의 이상과 현실

그동안 추진된 도시재생사업유형 중 민간주도를 목표로 했던 경제기반형사업 부산·청주(2014년 국가시범사업 선정), 인천(2016년 국가시범사업 선정) 도시재생사업 민간주도사업 추진의 이상과 현실에 대하여 살펴보고자 한다.

부산광역시 사례

2014년 부산 경제기반형 재생사업은 시유지인 부산역 광장을 활용하여 북항 재개발사업의 활성화하는 동시에 원도심 환경 개선을 유도하기 위해 시작되었다. 도시재생활성화계획에 따르면 부산시는 5,082억 원 규모의 2개 민간주도사업이 계획되어 있으며, 이는 호텔 건립사업(사업비 400억 원)과 북항 환승센터 건립사업(사업비 4,683억 원)이다. 북항 환승센터 건립사업은 도시재생사업과 북항 재개발사업의 일환으로, 토지 소유주인 부산항만공사 주도로 수익형 민자사업으로 진행되고 있다.* 계획에 따르면 환승센터 건립사업은 도시재생사업과 연계하여 추진한다고 명시**되어 있으나, 실제 북항 재개발사업이 속도가 더디게 진행됨에 따라 계획 수립 등의 이유로 도시재생과 크게 밀접한 연관성을 가지고 진행되지 못했다.

또한 부산 도시경제기반형 도시재생사업은 실제 민간이 참여하기 어려운 사업구조와 지나치게 큰 사업구역 설정으로 인한 사업의 선택과 집중이 어려운 문제가 있었다. 북항 재개발사업 활성화를 위한 이해관계자 참여 수단이 부재하였으며, 핵심관계자인 BPA, 해수부, 민간기업의 이목을 끌만한 충분한 인센티브 및 사업구조를 가지고 있지 않았다.

계획측면에서는 민간이 함께 계획에 참여하여 논의할 수 있는 절차가 부재하였고, 도입기능 측면에서도 북항 재개발을 견인할 만한 주요 기능을 찾는 데 한계가 있었다. 유라시아 플랫폼의 도입기능은 원도심 상권 피해 최소화를 위하여 기능을 조율하다 보니 결국 남은 것은 공공이 운영하는 공공성이 강한 기능만이 남게 되었다.

---

* 이태희. 2020. 민간주도 도시재생사업 활성화 방안. 건설이슈포커스. 한국건설산업연구원

** 부산광역시. 2016. 부산 도시재생 선도지역 활성화계획

| 부산역 광장 공사 전 전경 자료: 저자 촬영(2017.2)

| 부산역 광장 공사 중 전경

| 부산역 광장 완공 전경

자료: 저자 촬영(2017.8)

자료: 저자 촬영(2020.7)

| 2014 부산 도시경제기반형 사업 이상과 현실

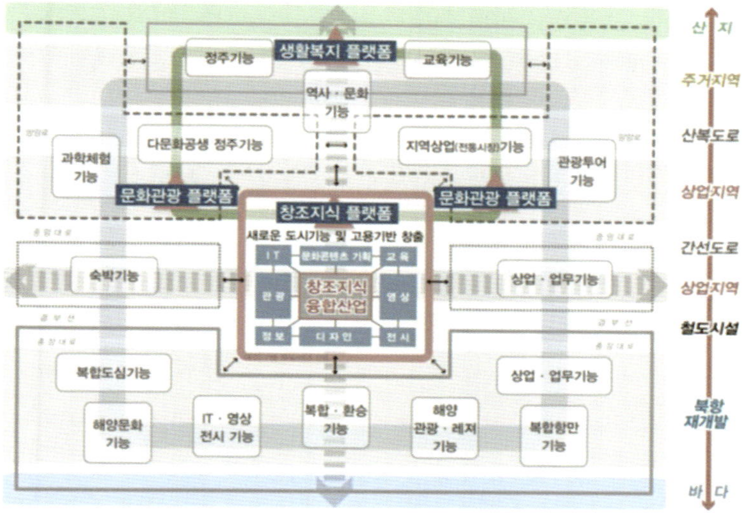

이상

VS

- **목적:** 부산역 광장(bridge 역할)을 활용한 북항 재개발 사업 활성화 촉매 역할(1차) + 원도심 환경개선 유도(2차)
- **계획수립:** 공공(부산시+국토부)중심의 계획 수립
- **도입기능:** 북항재개발을 견인할 수 있을 만한 연관 기능+원도심 상권 중복 최소화
- **운영주체:** 지역활력 제고 차원에서 플랫폼 구성 및 우녕을 위한 민간주도

▶ 정보, 문화, 관광, 레저 등 창조경제혁신기능 도입을 통한 고용기반 창출

현실

- 민간이 참여할 수 없는 사업구조, 지나치게 방대한 도시 재생활성화지역 설정으로 인한 사업의 선택과 집중 어려움
- 북항 재개발 사업활성화를 위한 이해관계자 참여 수단 부재(부처간 협업난항)
- BPA, 해수부, 민간기업 관심사가 아님(관심을 보일만한 인센티브 부재)

※ 도시기금도 관심을 보이지 않음

- 사업성 확보 불가, 두가지 요건을 충족하는 동시에 수익을 창출할 수 있을 만한 기능은 찾을 수 없음
- 민간주도 절자 부재. 입지적 이점, 부산역 광장이었던 곳이라는 상징성 때문에 결정 내리기 어려움(특혜시비등)

▶ 1,2단계로 사업구역 구분. 1단계 사업만 우선 추진. 민간은 일부 임대시설 운영에만 참여

자료: (위) 부산광역시 2016. 부산 되시재생 선도지역 활성화 계획 (아래)국토연구원. 2021.3. 도시재생사업 활성화를 위한 도시재생 뉴딜 중장기 발전 방안(민간주도 분과) 발표자료(내부자료)

충청북도 청주시 사례

동시에 추진되던 2014년 청주 도시경제기반형 사업은 공장 이전 적지 개발을 통한 문화 및 산업시설 거점 조성으로 원도심을 활성화하는 것을 주목적으로 하였다. 청주시 연초제조창은 과거 국내에서 가장 큰 규모의 담배공장이자, 시의 중추산업 중 하나였다. 담배 소비 인구 감소와 기업의 구조조정 영향으로 1999년 공장이 폐쇄되고, 2004년 공장이 전면 가동중지되면서 지역의 중추산업이었던 담배공장의 폐쇄는 지역에 큰 영향을 미치게 되었다.*

청주시는 KT&G로부터 연초제조창을 매입하여 2001년 일부 공간을 '첨단문화산업단지'로 조성하였고, 2012년에는 일부 공간에 국립현대미술관 미술품 수장보존센터를 성공적으로 유치하였으나, 상당한 공간은 활용 방안을 찾지 못해 방치되고 있었다.** 2014년 도시재생사업을 시작하며 민간 소유 부지를 청주시에서 매입하여 시소유 부지확보는 매우 긍정적인 요소였으나, 민간이 참여하기에 애매한 입지와 규모로 민간의 입장에선 사업 유인요소가 되기에는 부족하였다.

당초 청주시는 도시재생사업을 통해 중앙에 위치한 본관동을 리모델링하여 대규모 상업시설과 공예클러스터로 조성하고, 서북측 빈 공간에는 호텔을 포함한 비즈니스 복합단지를 조성할 계획

---

* 이태희. 2020. 민간주도 도시재생사업 활성화 방안. 건설이슈포커스. 한국건설산업연구원

** 전개서 상계

이었으나, 대규모의 산업시설 입점으로 인한 원도심 상인들과의 갈등으로 기능을 대폭 조정할 수밖에 없었다.

청주시는 리츠(REIT, Real Estate Investnent Trust)를 결성해서 민간투자자와 청주시가 공동으로 출자하는 방식으로 사업을 추진하고자 하였으나, 낮은 사업성으로 인해 추진은 쉽지 않았다. 이후 LH가 공동출자자로 참여함으로써 사업에 속도를 낼 수 있었다. LH는 사업 참여 의향을 보인 기업들이 참여하는 공식적인 협상 기구를 구성·운영하였으며 이 과정을 통해 민간 참가자 유인을 위한 계획변경, 사업구조 개편 등의 역할을 수행하였다.

계획을 수립하며 도입기능 설정과정에서 원주민과 주변 상권과의 갈등으로 인해* 규모가 있는 유통기능이 들어오기 어렵게 되어 있어, 민간 입장에서는 제일 중요한 사업성 확보가 불가하였다. 청주시에서는 도시재생사업의 민간주도 절차를 처음으로 마련하여 시의 적극적인 의지를 보였으나, 결국에는 1, 2단계로 사업구역이 구분되어 1단계 사업만 우선 추진되었고, 민간은 일부 임대시설 운영에만 참여하게 되었다.

청주시는 국내 최초의 도시경제기반형 도시재생사업을 진행하며 과감한 결정과 지속적이고 적극적인 행정·재정적 지원을 아끼지 않았으나, 사업이 준공되고 상업시설 운영이 시작되어도 원도심 상인들과의 갈등은 현재도 여전히 진행중이다.

---

* 원도심 상인들과의 이해충돌로 인해 대형마트, 아웃렛, 백화점 등의 업종 입점 제한과 자산총액 10조 원 이상인 상호출자제한기업의 입찰 금지 등이 공모조건에 반영됨

| 청주 연초제조창 공사 전 전경

자료: 저자 촬영(2014.9)

| 청주 연초제조창 준공 전경

자료: 저자 촬영(2022.3)

2014 청주 도시경제기반형 사업

이상	VS	현실
• **목적**: 공장 이전적지 개발을 통한 문화 및 상업시설 거점 조성 및 원도심 활성화		• 시소유 부지확보는 긍정적이나 애매한 입지와 규모로 인한 참여결정 난항(큰매리트가 없음) ※ 부지매수에 대한 부담감도 컸음
• **계획수립**: 공공중심의 계획수립		• 공공계획을 따르기에 계획의 구체성이 떨어져 사업성 판단 불가능
• **도입기능**: 대규모 상업시설, 공예클러스터, 비즈니스 복합단지(호텔 등)		• 사업성 확보 불가. 아울렛, 백화점, 마트 업종제한, 자산총액 10조 이상 상호출자체한기업 입찰금지 조건을 충족할 수있는 민간 기업 부재
• **운영주체**: 상업시설, 호텔 등 민간기업 참여		• 처음으로 민간주도 절차 등을 마련하여 사업추진. 시의 적극적 의지 • 시설운영만 민간이 참여
▶ 수익사업(민간주도사업)을 통해 발생되는 수익으로 공공사업에 재투자(선순환 구조)		**▶ 1,2단계로 사업구역 구분.1단계 사업만 우선 추진. 민간은 일부 임대시설 운영에만 참여**

자료: (위) 청주시청 보도자료(아래) 국토연구원. 2021.3. 도시재생사업 활성화를 위한 도시재생 뉴딜 중장기 발전 방안(민간주도 분과) 발표자료(내부자료)

인천광역시 사례

2016년 선정된 인천시 도시경제기반형 사업은 인천항과 인천역 등 인천의 대표적인 원도심 내항 1·8부두를 중심으로 경제기반 거점을 구축하는 사업이다. 내항 8부두에 위치하고 있는 폐곡물창고를 상상플랫폼으로 변모시켜 민간투자 및 경제기반을 조성하고자 하였다. 2012년부터 항만 재개발사업이 본격적으로 추진되었으며 상상플랫폼 조성사업은 도시재생 마중물사업이자 내항 재개발사업의 1단계 사업에 해당한다.*

인천시는 빠른 사업 추진을 위하여 재정사업(토지 매입, 외부 리모델링 공사)과 민간이 투자하는 사업(내부 리모델링)을 병행 추진키로 하였다. 재정 지원에 대한 조건으로 운영사에 일정 수준 이상의 투자와 공공기여를 의무화하였다.

인천시는 마중물 예산과 지자체 예산을 활용하여 IPA(인천항만공사)로부터 215억 원에 토지와 건물을 매입하고, 여기에 추가로 지자체 예산을 투입하여 외부 리모델링 공사 비용(총 146억 원 이내)을 부담하였다.** 이와 동시에 내부 리모델링과 운영을 할 수 있는 민간투자자를 모집하였다. 외부 리모델링 비용 지원, 담당 공무원의 노력, 사업 대상지의 건축적 가치와 향후 잠재력 등을 바탕으로 1차 사업자 공모에서 3개사가 입찰에 참여하였으며, 최종적으로 ㈜CJ CGV(이하, CGV)가 선정되었다. CGV는 전체 전용면적에서

---

* 인천광역시. 2017. 인천 개항창조도시 도시재생활성화계획

** 이태희. 2020. 민간주도 도시재생사업 활성화 방안. 건설이슈포커스. 한국건설산업연구원

공적 공간 비율 33%, 상시근로자 기준 주민고용 약 200명, 투자금액 약 300억 원으로 가장 좋은 조건을 제시하여 민간사업자로 선정되었다.

그러나 운영자 선정 후 지역주민과 전문가 의견을 수렴하지 않았다는 이유로 시민단체와의 갈등이 본격화되었다. 인천시에서 시민단체와의 중재를 진행하던 중 2019년 12월 CGV는 회사 내부 재무 사정 악화로 인해 사업 포기를 선언하였다. 이에 인천시는 또 한 번의 공모를 통해 2020년 8월 무영컨소시엄으로 사업운영자를 선정하였다. 재공모를 통해 사업자로 선정된 무영컨소시엄이 2022년 5월 완공을 목표로 공사를 진행하다가 2022년 4월 공사비를 받지 못한 시공사 반도건설이 유치권을 행사하며 공사가 중단되었다.*

상상플랫폼 건립은 지난 6월 시가 시행한 곡물창고 외부 및 내부공간 30%의 리모델링이 끝났으나 민간사업자 몫인 내부공간 70% 리모델링 공사가 공정률 82% 상태에서 중단되고 2022년 4월부터 시공업체인 반도건설이 유치권 행사에 들어가면서 장기간 지연되었다. 민간 사업시행자인 무영CM컨소시엄(인천상상플랫폼)이 기성 공사대금 227억 원 중 207억 원을 지급하지 않아 발생한 사태로 시는 청문을 거쳐 협약 해지 및 낙찰자(사적 공간 70% 임대) 선정 취소를 통보하였다.**

---

* 인천일보. 인천시, 상상플랫폼 사업자 계약해지 나서 (https://www.incheonilbo.com/news/articleView.html?idxno=1155666)

** 인천in.com. 인천시, 공사 중단 상상플랫폼 건립사업 정상화 나서 (https://www.incheonin.com/news/articleView.html?idxno=92957)

인천시는 청문을 거쳐 2022년 민간사업자에게 협약 해지 통보를 하고 민간투자 부분을 재정사업으로 전환하여 공사를 마무리하였다. 상상플랫폼은 2024년 준공하여 2024년 4월 인천관광공사가 입주하였고, 원도심에 활력을 불어 넣기 위한 구심점 역할을 할 수 있을 것으로 기대하고 있다.

인천 상상플랫폼 사업은 사업 초기 부지를 둘러싼 기관 간의 갈등이 있었으며, 항만재개발구역 내에 위치하는 제약도 따랐다. 또한 부지가 확보되지 않은 상태에서 계획이 수립되다 보니 사업의 지속가능성이 불투명하였고, 공공 중심의 계획수립으로 인한 민간의 사업참여 여부를 확정하기 어려웠다. 이러한 우여곡절 끝에 민간사업자를 선정하였으나, 사업참여 포기로 인해 생기는 리스크는 모두 공공에서 부담할 수밖에 없었다.

| 인천 내항 상상플랫폼 공사 전 전경

자료: (좌)저자 촬영(2018.9)

자료: (우)인천관광공사 홈페이지 (https://www.ito.or.kr/main/bbs/bbsMsgDetail.do?msg_seq=1212&bcd=report)

| 2016 인천 도시경제기반형 사업

이상	VS	현실 (사업성 측면)
• **목적**: 상상플랫폼, 인천역, 내항1/8부두를 중심으로 하는 경제기반 거점 구축(상상플랫폼 조성이후 민간추자사업인 내항1/8부두 재개발서업 추진) • **계획수립**: 공공중심의 계획수립 • **도입기능**: ICL&ART기반 4차산업, 도시관광사업 등 • **운영주체**: 상상플랫폼 민간투자 유치 및 개발 추진 **▶ 유휴공간을 활용한 문화,관광 기반의 새로운 경제중심지 조성**		• 부지를 둘러싼 IPA, 해수부 등과의 갈등 존재(항만재개발구역 내라는 제약도 존재) • 입지적 측면에서의 메리트도 부재 • 부지확보가 이루어지지 않은 상황에서의 계획수립(인천시 매입) • 공간규모 방대. 공익성까지 확보해야 하는 민간의 부담 가중 (공유재산 장기임대, 공공이 리모델링 시행) • 특혜시비를 둘러싼 지역사회 갈등 발생(시민참여단을 조성하여 의견수렴, 공론화) **▶ 당초 참여기업은 기업사정으로 참여포기 새로운 투자/개발자 선정**

자료:(위) 인천광역시 보도자료
(아래) 국토연구원. 2021.3. 도시재생사업 활성화를 위한 도시재생 뉴딜 중장기 발전 방안(민간주도 분과) 발표자료(내부자료)

❷ 도시재생 민간주도는 어느 단계에서 할 수 있을까?

민간주도 도시재생 활성화를 논하기 전에 그동안의 민간주도 대상과 활성화 수단에 대하여 돌아볼 필요가 있다. 그간 도시재생 민간주도는 일반근린형의 소규모 주거지 재생을 제외하고 도시재생경제기반형 사업에 한해서만 좁은 시각으로 다뤄왔으며, 리츠 등 금융수단을 통한 활성화에만 중점을 두고 추진하였다.

그러나 도시경제기반형뿐만 아니라 근린재생형(상업지역, 주거지역)에도 민간주도가 필수적이다. 이를 위해서는 민간의 범위를 확대해야 한다. 부동산 디벨로퍼부터 금융사, 사회적경제*조직뿐만 아니라 아니라 로컬크리에이터를 포함하는 개인사업자 등까지 확대가 필요하다. 도시재생사업 대상이 다양화되는 것처럼 주체의 다양화도 필요하다. 특히 상업지역의 활성화와 관련하여 민간주도 관련 이슈가 거의 제기되지 않고 있어 상인협의회 등과는 지금까지와 다른 측면의 접근이 필수적이다.

도시재생사업의 지속가능성 확보와 지역경제 활성화의 실효성 제고 측면에서 1차적으로는 국비를 투입했지만, 국비 지원 종료 이후의 사업 지속가능성에 대한 문제가 발생하고 있다. 주민협의체에서 시작한 협동조합 등 사회적경제조직이 운영하는 방안, 공

---

* 사회적경제란, 구성원 간 협력, 자조를 바탕으로 재화, 용역의 생산 및 판매를 통해 사회적 가치를 창출하는 민간의 모든 경제적 활동을 일컫으며, 사회적경제를 구성하는 조직으로는 사회적기업, 협동조합, 마을기업, 자활기업이 있다. 2021년 기준 전국에 28,041의 사회적경제기업이 분포하고 있다.(한국사회적기업진흥원 홈페이지)

| 민간기업 이슈 도출

구분	이슈
계획수립 단계 민간주도	· 민간이 아닌 공기업 중심의 사업구조 · 사업 단계마다 참여 가능한 민간기업
투명한 민간주도 절차	· 민간이 아닌 공기업 중심의 사업구조 · 투자자, 사업시행자(개발자) 중심의 한정된 정책적 관심
사업성 개선	· 주택+창업지원시설+상업시설 등 중대형 복합개발 형태로 사업 내용 단순화 · 리츠 중심의 단일화된 사업구조 개발이익 재투자 현실 가능성 불투명

자료: 국토연구원. 2021.3. 도시재생사업 활성화를 위한 도시재생 뉴딜 중장기 발전 방안(민간주도 분과) 발표자료(내부자료)

공이 민간에 위탁하여 운영하는 방안 등이 현재로선 가장 일반적인 형태로 나타나고 있다. 그러나 모든 지역에 이 방법이 적용 가능한 것인가? 적용 가능하더라도 실효성에 대한 부분은 해결해야 하는 과제로 남아 있다. 실제로 민간기업이 참여할 수 있는 단계는 어디서부터 어디까지 가능한 것인가? 그동안의 사례처럼 결국 공공의 계획 위에 운영사만을 선정하는 것이 아닌 처음부터 기획·구상 중심의 거버넌스를 같이 구축할 수는 없는 것일까?

도시재생사업의 단계를 구분하였을 때, 단계별로 민간주도 활성화 방안을 다각화할 수 있으며, 민간의 역할 자체도 세분화하여 도입할 수 있을 것이다. 도시재생사업에서 민간의 역할과 구분에 대해서는 다음과 같이 종합할 수 있을 것이다.

또한 최근 새로운 민간 사업자로서 로컬크리에이터에 주목할

| 단계별 민간주도 방안

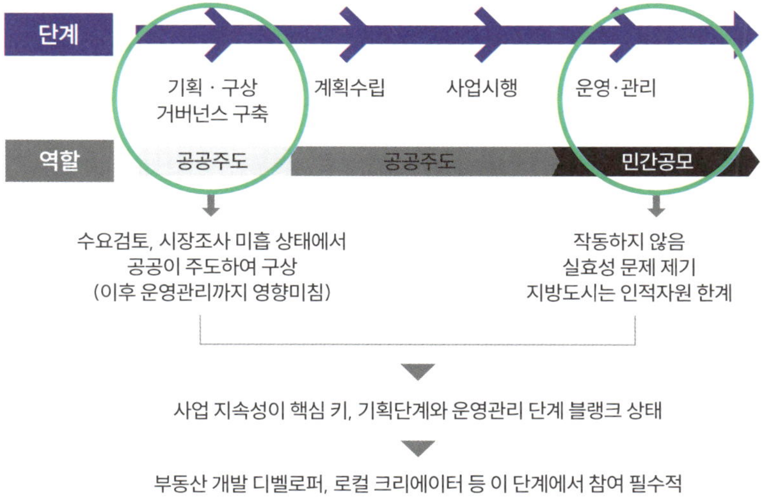

자료: 국토연구원. 2021.3. 도시재생사업 활성화를 위한 도시재생 뉴딜 중장기 발전 방안(민간주도 분과) 발표자료(내부자료)

필요가 있다. 우리가 로컬크리에이터에 주목하는 이유는 이들이 참여할 때 실제 운영관리를 전제로 한 사업의 기획과 계획수립이 가능하기 때문이다. 또한 사업의 효과가 주변 지역의 물리적 변화뿐만 아니라 아니라 사회, 경제적 변화(지역경제 활성화 등)를 함께 수반한다는 점도 중요한 포인트이다. 마지막으로 특정 대도시 뿐만 아니라 전국 어디에나 추진 가능한 전국적이면서도 지역에 밀착된 특화된 사업 콘텐츠이자 협업모델이라 할 수 있다. 로컬크리에이터는 지역의 독특한 지역성, 장소성 등을 가지고 있으며, 서울 외곽지역 뿐 만 아니라 지방 중소도시 어디에도 진출 가능한 도시의 다양성을 반영하고 있다. 일반상업지역 뿐 만 아니라 주거지역에도 적용 가능한 사업 다양성도 가지고 있다.

| 도시재생사업에서 민간의 역할과 종합(예시)

구분	기획자	투자자	개발자	운영·관리자
역할	· 공공사업의 실행력을 높여 주는 파트너이자 아이디어 제공자 · 사업실행력 제고, 사업 체감도 제고 측면에서의 접근	· 재생사업계획이 사업화될 수 있도록 자본을 형성하는 역할 · 장기간에 걸친 고정적 수익창출 관점에서 접근	· 사업을 실행하는 실질적인 실행주체 역할 · 사업목적에 부합하게 사업을 실행해 나가는 디벨로퍼	· 개발이 완료된 후 시설 또는 공간을 유지관리하여 지역을 활성화시키는 역할 · 지역활성화, 일자리 창출을 위한 핵심적 역할 수행
대상	민간기업 전문가 자영업자	민간기업 개인투자자 협동조합 은행, 금융사 등	민간기업 자영업자 협동조합	민간기업 자영업자 협동조합 자산운용사 등
활성화 방안	· 전문성에 대한 존중 · 사업 파트너로서 자격 부여(일반 자문, 주민참여와 구별 필요) · 제도 도입(사업협력자제도 등) · 계획권한 부여	· 사업에 대한 신뢰도 높은 정보 제공 · 정보 제공을 위한 전문성 있는 소통채널 확보 · 인근 유사사업 제한을 통해 사업 투자 위험도 감소(공공의 계획/개발 제한) · 구체적인 사업 계획(자금구조 등 확인 가능 자료) · 크라우드펀딩 등 참여수단 다각화	· 부지 확보 측면의 지원(국공유지 등 활용 장려, 장기임대 등) · 공적기금지원 · 사업기간 축소를 위한 갈등 완화/ 조정장치 마련(사업기간 단축=개발비용 절감) · 공공의 행정적/ 제도적 지원	· 세제혜택, 임대료 지원 · 지역축제, 홍보활동 강화 · 안정적 운영기간 담보 · 운영성과에 대한 충분한 리워드 · 명확한 운영관리자 기준 마련(특히, 국공유지 활용 시) · 운영관리를 위한 전문교육 프로그램 제공 · 운영관리 인력에 대한 체계적 관리
공공성 확보	· 필요성 낮음	· 임대방식 활성화를 통한 운영관리자 역할 병행 · 주민 필요시설/공간 제공		· 필요성 낮음

자료: 이왕건, 박정은 외, 2020, 도시재생 비틀어 보기

| 단계별 민간 참여 방안

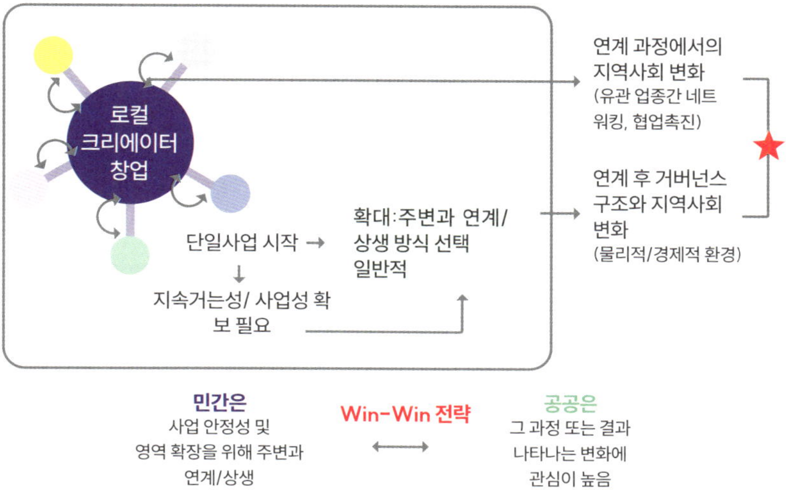

자료: 국토연구원. 2021.3. 도시재생사업 활성화를 위한 도시재생 뉴딜 중장기 발전 방안(민간주도 분과) 발표자료(내부자료)

그렇다면 민간은 공공을 원하는가? 그렇지 않을 가능성이 높다. 민간의 입장에서는 공공이 참여하게 되면 계획 및 콘텐츠 발굴 등이 제한된다(창의성 발현이 제약될 수 있음). 또한 행정절차 등이 수반되며 준비 및 사업 시행기간이 복잡하고 길어지는 일이 다반사이며, 공익성 확보 문제도 해결해야 하는 부담이 있을 수 있다.

그럼에도 불구하고 민간이 공공을 필요로 하는 부분이 있다. 행정절차 간소화, 기반시설의 개선 및 공급(민간이 할 수 있는 한계가 있으며, 전통적인 공공 영역이기도 함)과 지역사회 구성원과의 연계 및 협력 추진(기초지자체 등 지원 필요) 등이 그 것이다. 이것이 공공과 민간이 함께 협력해야 하는 이유이다.

도시재생의 정체성

도시재생사업의 정체성에 대한 두가지 시각. 첫번째,

“ 도시재생사업은 쇠퇴한 지역을 살리는 공공주도 사업이다. ”

도시재생사업은 인구, 산업, 노후 주거지가 밀집한 쇠퇴한 도시를 재생하기 위해서는 공공의 선도적인 접근이 필요하다. 쇠퇴한 지역을 중심으로 사업계획을 수립하는 도시재생활성화계획은 ▶ 공공 중심의 사업구조, ▶ 공공 중심의 예산구조, ▶ 공공 중심의 조직체계로 구성되어 있어 공공주도 사업이라 봐도 무방하다.

결국 도시재생사업은 쇠퇴한 지역에 공공이 선투자하여 마중물 역할을 하고 지역이 함께 살아갈 수 있도록 추진하는 공공주도 사업이다.

도시재생사업의 정체성에 대한 두가지 시각. 두번째,

“ 도시재생은 다양한 주체가 참여하는 민간주도 사업이다. ”

도시의 쇠퇴한 지역은 각기 다른 다양한 주체의 주민들이 살고 있고, 다양한 주민수요를 전부 공공의 힘으로 공급할 순 없다. 그리하여 민간의 다양하고 창의적인 아이디어를 계획단계부터 함께할 수 있는 절차 및 틀을 만들어야 한다. 또한 민간이 참여할 수 있는 절차를 투명하게 공개하고, 공공과 함께 서로 윈-윈(win-win)할 수 있는 사업성을 필수적으로 개선해야 한다.

3

공공주도와 민간주도 사이, 도시재생사업의 정체성

도시재생사업에서 민간주체가 참여 가능한 업무와 역할은 어디까지일까? 도시재생사업을 추진하며 공공과 민간주체는 함께 상생할 수 있을까? 민간의 입장에서 공공과 함께 윈-윈(win-win) 가능한 전략적 파트너가 되는 방법은 무엇일까?

도시재생의 참여주체에 대한 정체성을 정의하기엔 많은 질문이 산재해 있다. 어떤 민간을 참여시킬 것인지, 공공과 민간 네트워크는 어떻게 구축해 나가야 하는지, 민간 제안 사업에 대한 참여 특혜 시비를 줄이며 공공성을 찾는 방법은 무엇이 있는지, 민간 사업자가 지역에 오랫동안 남아 있으려면 공공이 어떠한 역할을 함께해야 하는지 등이다.

공공주도와 민간주도 사이 어딘가에 존재하고 있는 도시재생

키워드	세부 이슈(예시)
01 민간주도 대상 확대	· 상권활성화, 노후 주거지 개선 등 서업 참여 의지 · 도시재생사업에 참여 가능한 민간의 범위와 대상 구체화 · 재생사업에 민간이 참여하기 위한 네트워크 구축 방법과 지원방안 등
02 비즈니스 주체로서 참여 활성화 방안	· 민간주도 기획-시행-운영관리 등 통합적 수행을 위한 공공의 지원방안(이윤 발생이 없는 기획단계에 대한 지원 등) · 안정적 운영관리를 위한 지원방안 · Area Management를 담당하는 민간 역할의 공공성 인정 수준과 지원방안
03 사업성 제고 방안	· 거점 확산형 등으로 여러 사업을 연계 추진하는 사업모델의 장담점, 장애요인 · 지자체와 연계한 계획수립 및 사업시행 방안(절차적 정당성 확보방안 등) · 도시기금 지원확대 방안 등

자료: 저자작성

사업은 민간 사업자의 규모와 종류가 다변화함에 따라 이와 함께 하는 공공 또한 지원 및 역할을 다각화해야 한다. 도시재생에서 장소의 특성 등을 선택적으로 적용하여 지원하며 민간과 공공이 함께 상생할 수 있는 전략 마련이 필요하다.

단행본 및 논문

국토교통부. 2019. 2019년 하반기 도시재생 뉴딜사업 신청 가이드라인

국토연구원. 2021.03. 도시재생사업 활성화를 위한 도시재생 뉴딜 중장기 발전 방안(민간주도 분과) 발표자료(내부자료)

박정은 외. 2021. 도시재생사업 실효성 제고를 위한 법제도 개편방안 연구. 세종;국토연구원. p.34-41 참고하여 작성

부산광역시. 2016. 부산 도시재생 선도지역 활성화계획

이왕건.박정은 외, 2020, 도시재생 비틀어 보기. 세종;국토연구원

이태희. 2020. 민간주도 도시재생사업 활성화 방안- 마중물사업으로 끝나는 도시재생을 넘어. 건설이슈리포트. 한국건설산업연구원

인천광역시. 2017. 인천 개항창조도시 도시재생활성화계획

임상연 외. 2020. 도시재생사업 선순환 구조 실현을 위한 정책방안 연구. 세종;국토연구원

법령

「도시재생 활성화 및 지원에 관한 특별법」

언론보도

국토일보(2020.2.13.). "도시재생사업, 민간주도 활성화 시급… 정책 확 바꿔야"(2024년 7월 12일 검색)

국토일보(2021.6.3.). "도시재생사업, 기업참여 활성화해야… 전문기업 인증·주거재생 플랫폼 구축 촉구"(2024년 7월12일 검색)

인천in.com. 인천시, 공사 중단 상상플랫폼 건립사업 정상화 나서(https://www.incheonin.com/news/articleView.html?idxno=92957, 2024년 7월 12일 검색)

인천관광공사 홈페이지 (https://www.ito.or.kr/main/bbs/bbsMsgDetail.do?msg_seq=1212&bcd=report, 2024년 7월 12일 검색)

인천일보. 인천시, 상상플랫폼 사업자 계약해지 나서 (https://www.incheonilbo.com/news/articleView.html?idxno=1155666, 2024년 7월 12일 검색)

03

「도시재생」과 「도시정비」는 함께 할 수 있는가?

도시재생 정책은 어떻게 시작되었는가?

1 「도시재생」과 「도시정비」는 함께 할 수 없다

2 「도시재생」과 「도시정비」는 함께 할 수 있다

3 도시재생은 '방향'이고, 도시정비는 '목표 또는 수단'이다

김태영

도시재생 정책은 어떻게 시작되었는가?

「도시재생」이란 무엇일까? 어떤 이는 인구의 감소, 사업구조의 변화, 도시의 무분별한 확장, 주거환경의 노후화 등으로 인하여 쇠퇴하는 도시를 '지역역량 강화', '새로운 기능 도입·창출', '지역자원의 활용' 등을 통해 경제·사회·물리·환경적으로 활성화시키는 것을 의미한다고도 하고, 어떤 이는 자력기반이 없어 공공지원이 필요한 쇠퇴도시의 물리적 환경 개선뿐만 아니라, 주민이 주체가 되는 지역공동체를 활성화함으로써 경제적·사회적 동반 성장을 도모하는 것이라고도 한다. 이 외에도 다른 이의 주장 등을 보아도 개념은 그리 다르지 않아 보인다. 그렇다면, 국가정책으로서 '도시재생'은 무엇 때문에 생겨나게 되었는가? 이를 이해하기 위해서는 꽤 기나긴 시간을 거슬러 올라가야 한다.

이를 위해 되짚어 가면 필연적으로 「도시정비」가 등장할 것이다. 기존 정비사업의 주체는 토지소유자와 건물소유자, 즉 부동산 소유자 중심으로 구성되어 있어, 개발이익에 관심이 높은 편이고 사업지역은 주로 수도권에 있는 지역 중 노후된 지역을 대상으로 한다. 사업방식도 주로 주택 또는 기반시설 정비 등 물리적 환경정비에 중점을 두고 있다.

물리적 환경정비만으로는 무엇이 부족해서 도시재생이 국가정책으로까지 등장하였는가? 이 둘은 과연 맞서야만 하는 개념인가? 본 편에서는 이를 논의해 보고자 한다.

1

「도시재생」과 「도시정비」는 함께 할 수 없다

❶ 국가정책으로서 「도시재생」의 시작

'뉴타운'의 시작

2002년 7월 2일, 서울특별시장으로 취임한 이명박 당시 시장은 취임식에서 청계천 복원을 내세웠다. 그해 10월, 이어서 '서울 뉴타운* 개발 계획'을 전격 발표했다. 은평구 은평뉴타운, 성북구 길음뉴타운, 성동구 왕십리뉴타운을 시범뉴타운으로 선정했고, 이를 모델로 연차별로 2012년까지 뉴타운 사업을 확대 시행한다고

* 뉴타운(再整備促進事業 / New Town)은 구도심 개발을 위한 「도시재정비 촉진을 위한 특별법」에 따른 재정비 촉진사업을 의미한다. 정식 명칭은 재정비 촉진사업이고 뉴타운은 편의적 약칭이다.

| (좌) 은평뉴타운 건설현장 방문, (우) 뉴타운 지정현황

자료: (좌)e영상역사관(https://www.ehistory.go.kr/) (우)서울특별시 (https://www.seoul.go.kr/)

발표했다. 이러한 뉴타운 개발사업은 민간이 주체가 되어 소규모로 진행되던 기존의 재개발 방식을 탈피해 재개발 지역과 인접한 생활권을 광역단위로 묶어 기반시설 정비와 함께 주거지역을 개발하는 것이 특징이었다. 지금까지 재개발조합이 부담하던 재개발구역 내 공공시설을 시가 직접 예산을 지원해 건설하는 등 공공부문의 역할을 강화했다. 즉 단순한 도시구조의 정비, 개선에 머무는 게 아니라 다양한 계층과 세대가 함께 살 수 있는 인간 중심의 커뮤니티를 조성하고, 도시 전체가 조화를 이루는 고품질의 복지 주거환경 공간, 꿈의 도시를 만들고자 시작되었다.

뉴타운 추진계획을 발표하는 자리에서 이명박 시장은 "강북 주민들이 앞으로 10년만 참으면 쾌적한 주거환경을 누릴 수 있을 것"이라고 자신 있게 말한 걸 보면 이 같은 구상을 했음을 짐작할 수 있다.

2006년부터는 전국의 지자체들도 서울시 뉴타운 벤치마킹에 나서는 현상이 일어나게 된다. 인천, 부천, 부산, 대전 등이 대표적이다. 2007년 당시 대통령 선거에 나선 이명박 후보는 "신도시 개발은 시간이 많이 걸리고 새로운 투기를 유발할 우려가 있기 때문에 비용이나 경제적으로 효율적인 뉴타운 개발이 바람직하다고 생각한다. 강남발 부동산 문제는 교육문제, 강북 뉴타운 개발을 통한 강남 대체효과 촉진 등 종합적으로 접근해야 한다"며 뉴타운 사업을 계속 추진하겠다는 의지를 분명히 했다.

즉, 뉴타운은 기존의 재개발 방식으로 몇 개 동(棟)을 만드는 식으로 하지 못하는, 낡은 주택들이 모여 있는 동(洞) 전체를 대상으로 기반시설 정비와 함께 대규모 공동주택단지를 조성하는 방식이다. 기존 재개발은 부분적으로 소규모 재개발이 산재해 있는 전형적인 난개발 형태라는 문제의식에서 시작된 것이다. 기존 재개발 방식으로 짓는 새 아파트 단지는 완성되더라도 단지 밖의 주변 환경은 여전히 낙후된 상태 그대로 남게 되는 단점이 있기 때문에, 이러한 개별적인 재개발의 단점을 해결해 보려는 시도의 산물

| 기존 정비사업과 뉴타운 사업의 비교

기존 정비사업(주택재개발사업)	뉴타운사업
소규모 단위 재개발사업	광역단위(생활권) 계획적 개발
민간의존 기반시설 확보	공공부문 역할 증대 (계획수립주도, 기반시설지원)
주택재개발 방식 의존	다양한 사업방식 혼용 주변 연계개발

자료: 서울정책아카이브(https://seoulsolution.kr/archives/2008438)

이 바로 뉴타운이었다.

뉴타운의 장점은 상당히 넓은 지역이 낙후된 빈 공간 없이 모두 개발되어 일부 아파트만 새것이 되는 것이 아니라 주택가와 기반시설이 모두 깔끔하게 구획정리되어 주거환경과 도시미관이 크게 개선된 마치 미니신도시와 같은 계획도시의 형태로 거듭날 수 있다는 것이었다.

'뉴타운'의 몰락

그런데, 만병통치약과 같았던 뉴타운는 2008년 가을 글로벌 금융위기와 함께 난관에 봉착하게 된다. 집값이 떨어지기 시작하자 뉴타운 사업의 여러 문제점이 한꺼번에 수면 위로 올라오게 된 것이다. 각종 소송과 주민 간 갈등으로 사업이 제대로 진행되지 못하는 지역이 부지기수로 늘어나게 된 것이다. 뉴타운 사업은 내 집을 내어주고 새로운 내 집을 받는 기존 재개발과 기본적으로 같은 구도였다. 다만, 기존 정비지구의 규모로는 사업성을 확보되지 못해 이를 통합·광역화하고, 공공시설은 공공의 자금으로 지원하는 식이었다. 그리고 해당 지역에 있던 주택 수보다 더 많은 수의 주택을 지어 원주민에게 배정하고, 남은 아파트는 일반인에게 분양해 그 분양수익금으로 원주민 아파트의 공사대금을 충당하는 식이다. 하지만 부동산 경기 침체로 일반분양분 분양가를 높여 받지 못하고, 그 결과 원주민도 새 아파트에 입주하기 위해선 상당한 금액의 추가부담금을 내야 하자 갈등이 깊어지게 된 것이다.

이러한 상황에서 다음 서울 시장인 박원순 시장은 뉴타운 출구

| (좌) 서울시 뉴타운·정비사업 신정책구상 발표, (우) 뉴타운 해제 현황

자료: (좌)서울신문(2012.1.31)

자료: (우)장남종(2014), 서울시 뉴타운·재개발 해제지역의 실태조사 분석 연구. p46

전략을 구상하게 된다. 2012년 1월 30일 '서울시 뉴타운·정비사업 신정책구상'이 그것인데, 그간의 양적 성장에 기반한 도시정비사업 행태가 주거환경 개선이나 주택 공급에는 효과적이었으나 이는 토지나 주택소유주에게만 그 혜택이 국한되어 그렇지 못한 도시민에 대해서는 '주거권 박탈' 문제가 생기게 된 것이다. 이에 신규 정비구역 지정을 중단하고, 사업이 지지부진한 정비구역을 해제하는 데 집중하게 된다. 당시 분위기에는 해당 정책에 대해 대체적으로 '방향성은 맞다'는 평가에 힘이 실렸다. 세입자를 위한 주거보전과 거주자 중심의 재생사업에 반기를 드는 이는 거의 없었다. 게다가 정체된 뉴타운 사업에 대한 출구전략적 시각에서 볼 때도 적절했다는 의견이 당시에 지배적이었다.

새로운 정책의 탄생

도시정비사업에 대한 사업성이 그나마 나은 편이라는 서울조

차도 이러한 상황이었기 때문에 서울 이외의 다른 지역 역시 이를 피해 가긴 어려웠다. 결국 전면적 철거방식의 사업을 통한 공간계획의 한계를 느낀 중앙정부는 2013년 「도시재생 활성화 및 지원에 관한 특별법(이하, 도시재생법)」을 제정하여 당시로서는 전혀 새로운 정책을 펴게 되는데, 이를 국가정책으로 구체화하여 방향과 원칙 등을 담은 것이 '국가도시재생기본방침(2013년)'이다. 국가도시재생기본방침의 '도시재생의 배경 및 의의'를 보면 이 같은 내용을 명확하게 밝히고 있다. 다음의 '국가도시재생기본방침'에서 밝히고 있는 '배경 및 의의' 부분을 살펴보면 다음과 같다.

국가도시재생기본방침

1. 도시재생의 배경 및 의의

(전략)…

…그러나 최근 인구성장의 정체와 급속한 고령화를 경험하고 있는 우리나라 대부분의 도시는 외곽 위주의 개발과 산업경쟁력의 약화 등으로 심각한 쇠퇴현상이 나타나고 있다. 특히 저소득층이 주로 거주하는 쇠퇴 기성 시가지는 노후·불량주택의 난립, 부족한 기반시설 등으로 생활환경이 매우 열악하며 범죄와 재해로부터 취약하여 각종 사회적 문제가 빈번하게 발생하고 있는 실정이다.

…(중략)…

…재개발 등 민간의 활력에 의존하는 도시정비사업 제도가 있지만, 이러

한 수익성 기반의 물리적 정비사업은 수도권과 대도시를 제외하고는 추진이 어려웠고, 대도시 등에서도 낮은 주민 재정착 및 공동체 훼손 등의 문제가 있다. 따라서 물리적 사업과 함께 경제·사회·문화 등 도시의 종합적 재생을 지원하기 위한 공공 차원의 지원정책이 필요하다.

(후략)···

주 : 2023년에 고시된 제2차 국가도시재생기본방침에도 동일한 내용이 포함되어 있음

자료: 제1차 국가도시재생기본방침

요약하면, 도시정비사업이라는 제도를 가지고 있지만, 이 제도는 수익성이 없으면, 제아무리 공공의 자금으로 지원을 한다손 치더라도 한계가 있다는 얘기이다. 아울러 정비사업을 할 수 있는 곳이라도 주민 재정착, 공동체 훼손과 같은 문제는 여전히 발생한다고 밝히고 있다.

사실 '도시재생'에 대한 정책이 이때 처음 시작된 것은 아니다. 최소한 용어는 달랐을지라도 다른 시각에서 기성 주거지를 바라보는 부분이 이전에도 분명히 존재하였다. 이 같은 관점으로 '국민주택 000만호 공급'과 같은 주택공급정책과 더불어 국가 균형발전 본격화 과정에서 도시 삶의 질 개선 및 경쟁력 제고를 위한 '살고싶은 도시만들기' 정책이 전국적으로 추진되어 오고 있었던 것이다. 이 정책은 2005년, 대통령의 지시로 당시 국가균형발전위원회 내에 특별위원회를 구성하고 '살고싶은 도시만들기' 추진계획을 이듬해에 수립하게 된다. 이후 2007년부터 2009년까지 시범사

| 살고싶은 도시만들기 추진현황(2007~2009년)

구분	합계		2007년		2008년		2009년	
	선정 도시수	소요 예산	선정 도시수	소요 예산	선정도 시수	소요 예산	선정 도시수	소요 예산
계	94개	419억원	36개	142억원	32개	133억원	26개	144억원
시범도시	18개	273억원	5개	80억원	6개	85억원	7개	108억원
계획비용지원도시	12개	48억원	6개	30억원	6개	18억원	-	-
성공모델 지원사업	3개	15억원	-	-	-	-	3개	15억원
시범마을	61개	83억원	25개	32억원	20개	30억원	16개	21억원

자료: 두리환경연구소. 2011. 살고싶은 도시만들기 시범도시 사업의 성과와 과제, 국토연구원 창조적도시재생시리즈 23

업을 추진하였고(계획지원, 성공모델 지원, 시범마을 조성 등 총 94개 도시, 419억 원), 이때의 성과를 바탕으로 '도시활력증진지역사업'으로 재편(2010년)하여 시행하게 되는데, 이것이 국가적 정책의 시초라 볼 수 있다.*

* 두리환경연구소. 2011. 살고싶은 도시만들기 시범도시 사업의 성과와 과제, 국토연구원 창조적 도시재생시리즈 23

❷ 「도시재생」사업지역에서 「도시정비」사업을?

「뉴타운」에서 「도시재생」사업으로

서울특별시는 지난 2023년 7월 5일, '창신동23·숭인동56 일대의 신속통합기획안'*을 확정했다고 발표한 바 있다. 창신동23·숭인동56일대(총 10만 4,853.2㎡ 규모)는 한양도성과 낙산언덕으로 삼면이 둘러싸인 구릉지형으로 가파른 언덕 입지로 인해 교통 및 주거환경이 매우 열악한 지역이다. 2007년부터 뉴타운(재정비촉진사업)이 추진됐지만, 2013년 구역 지정이 해제되면서 부침을 겪었다. 이후 노후주거지 환경 개선을 목적으로 서울의 1호 도시재생선도지역으로 지정됐으나 주택 공급과 기반시설 등 물리적 주거환경 개선 효과는 미흡해 주민들의 불만이 누적된 상황이었다. 주거환경 개선에 대한 주민들의 지속적인 요구와 정비 필요성에 더해, 서울시는 창신역과 인접한 입지적 장점 등 개발 잠재력에 주목했다. 이후 신속통합기획 1차 대상지(2021.12 1차 재개발 공모)로 선정하면서 창신·숭인동 재개발이 급물살을 타게 됐다.**

서울의 1호 도시재생선도지역으로 지정되었을 때의 상황으로 거슬러 올라가보자. '서울특별시 종로구 도시재생선도지역 근린재생형 활성화계획(2015.2.26)' 37쪽의 주민의견 정리란을 보면, 주

---

* 정비계획 수립 과정에서 서울시가 통합적인 가이드라인을 제시해, 정비구역 지정까지 통상 5년 정도 소요되던 기간을 최대 2년까지 단축할 수 있도록 지원하는 제도(출처: 서울특별시)

** 서울특별시. 내손안의 서울 (https://mediahub.seoul.go.kr/archives/2008438). 2024.4.15. 검색

민들이 원하는 사업 1순위로 '산업환경(도로, 주차장, 상/하수도 시설, 공원조성, 가로, cctv 등) 개선사업'으로 명시되어 있다. 2, 3순위로는 각각 '주거환경(개선) 관리사업', '집수리(지붕개량, 창문개선, 담장보수 등) 사업'으로 되어 있다. 40쪽의 주민의견 정리에도 '주거' 부문에는 '노후건물지역 안전대책 필요함, 주택 수리비 지원 범위 및 도시재생 전문 상담자 보강 요청함, 건물 신축 시 비용지원 범위 및 건축완화 등 가이드라인 요청함, 창신1동 주택이 낡아서 새로 임대를 주는 것이 어려움, 이면도로 확장 요청함, 맹지 내 건축 가능 여부 문의함, 생활하수가 안방으로 흘러들어와 불편함'이라고, 교통 및 기반시설 부문에는 '도로 재생 없이 도시재생이 불가함'이라고 명시되어 있다. 그런데, 세부사업 총괄표(59쪽)를 보면 주민들이 1, 2순위로 원하는 사업은 찾아보기 어렵다.

| 창신·숭인지구 대상지 위치도

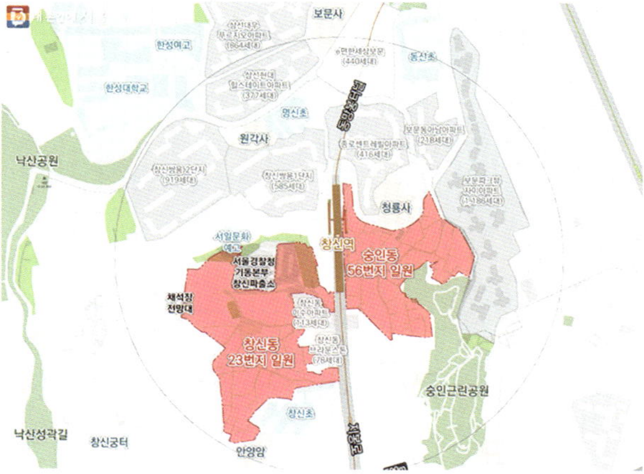

자료: 서울특별시. 내손안의 서울

| 마중물사업(안)의 세부사업 총괄표

<table>
<tr><th rowspan="2">구분</th><th rowspan="2">사업명</th><th rowspan="2">단위업무</th><th rowspan="2">주요단위업무 내용</th><th rowspan="2">주관부서</th><th colspan="4">사업비(억원)</th><th rowspan="2">사업기간</th><th rowspan="2">비고</th></tr>
<tr><th>계</th><th>국비</th><th>지방비</th><th>민간</th></tr>
<tr><td rowspan="4">1</td><td rowspan="4">주거 환경 재생</td><td>안전 안심 골목길 조성</td><td>가로등, CCTV 설치 안전지도 제작</td><td>도시재생 전담조직</td><td rowspan="4">75</td><td rowspan="4">37.5</td><td rowspan="4">37.5</td><td rowspan="4">0</td><td rowspan="4">'14.11 ~ '17.12</td><td></td></tr>
<tr><td>푸른마을 가꾸기</td><td>녹화 정비사업, 쉼터 등 조성</td><td>서울특별시 조경과</td><td></td></tr>
<tr><td>주민공동이용 시설</td><td>마을관리사무소 등</td><td>도시재생 전담조직</td><td></td></tr>
<tr><td>어린이공원 정비</td><td>어린이 공원시설 등</td><td>도시재생 전담조직</td><td></td></tr>
<tr><td rowspan="4">2</td><td rowspan="4">봉제 재생</td><td>봉제지원 앵커시설</td><td>봉제 박물관 및 거리 조성시스템 지원시설</td><td>서울 특별시 문화융합 경제과</td><td rowspan="4">70</td><td rowspan="4">35.0</td><td rowspan="4">35.0</td><td rowspan="4">0</td><td rowspan="4">'14.11 ~ '17.12</td><td></td></tr>
<tr><td>봉제 일자리 지원</td><td>봉제인력육성, 일자리 창출</td><td>서울 특별시 일자리 정책과</td><td></td></tr>
<tr><td>봉제공동작업장 조성</td><td>봉제공동작업장 (인큐베이터공간) 조성</td><td>도시재생 전담조직</td><td></td></tr>
<tr><td>봉제플랫폼 및 거버넌스 구축 등</td><td>디자이너-봉제공장-동대문시장 연결 프로그램 진행</td><td>도시재생 전담조직</td><td></td></tr>
<tr><td rowspan="3">3</td><td rowspan="3">관광 자원화</td><td>성곽봉제마을 관광화</td><td>봉제/문구 골목, 문화재 등 투어루트 조성 및 정비</td><td>도시재생 전담조직</td><td rowspan="3">45</td><td rowspan="3">22.5</td><td rowspan="3">22.5</td><td rowspan="3">0</td><td rowspan="3">'14.11 ~ '17.12</td><td></td></tr>
<tr><td>채석장 관광화</td><td>주민공모를 통한 테마공원 조성</td><td>도시재생 전담조직</td><td></td></tr>
<tr><td>소외, 낙후지역 도시경관 개선 등</td><td>도로시설물 정비 및 보차도 개선 등</td><td>서울특별시 공공디자인과</td><td></td></tr>
</table>

<table>
<tr><th rowspan="2">구분</th><th rowspan="2">사업명</th><th rowspan="2">단위업무</th><th rowspan="2">주요단위업무 내용</th><th rowspan="2">주관부서</th><th colspan="4">사업비(억원)</th><th rowspan="2">사업기간</th><th rowspan="2">비고</th></tr>
<tr><th>계</th><th>국비</th><th>지방비</th><th>민간</th></tr>
<tr><td>4</td><td colspan="2">주민공모</td><td>일반공모/기획공모</td><td>도시재생 전담조직</td><td>5</td><td>2.5</td><td>2.5</td><td>0</td><td>'14.11 ~ '17.12</td><td></td></tr>
<tr><td>5</td><td colspan="2">주제공모</td><td>채석장 활용방안, 오토바이 친환경화 방안 등</td><td>도시재생 전담조직</td><td>2.5</td><td>1.25</td><td>1.25</td><td>0</td><td>'14.11 ~ '17.12</td><td></td></tr>
<tr><td>6</td><td colspan="2">도시재생 마을 학교 (마을배움터)</td><td>공통,주민협의체, 주민공모사업, 도시재생 사업 연계 프로그램 등</td><td>도시재생 전담조직</td><td>2.499</td><td>1.2495</td><td>1.2495</td><td>0</td><td>'14.11 ~ '17.12</td><td></td></tr>
<tr><td colspan="5">계</td><td>199.99</td><td>99.995</td><td>99.995</td><td>0</td><td></td><td></td></tr>
</table>

자료: 서울특별시. 2015. 서울특별시 종로구 도시재생선도지역 근린재생형 활성화계획 p59

그런데, 이 같은 계획까지 오게 된 것이 '도시재생'이 좋아서 주민들이 선택한 것일까? 사실 재개발로 가게 되면 대지지분이 적은 쪽에서 반대하는 일이 잦다. 또한 높은 지대는 낮은 지대보다 공사비가 많이 들 수밖에 없는데, 이 때문에 저지대에서 고지대와 한 구역으로 묶이는 것을 거부할 여지도 있다. 이상의 여러 이유로 이미 뉴타운 지구에서 해제된 것으로 알려져 있다. 즉, 14개 정비구역 중 절반인 7개 구역에서 소유자 30% 이상이 뉴타운에 반대한 것으로 알려졌다. 한 기사에서는 현장에서 만난 한 주민에게 "대다수 주민들이 뉴타운보다 도시재생을 찬성한 이유는 도시재생이 좋아서가 아니다"라며 "동네가 재개발되면 집 팔고 달리 갈

곳이 없지 않으냐"고 지적했다고도 밝히고 있다.*

7년 이후의 상황

도시재생사업에 착수한 지 7년 이후 상황을 한번 살펴보자. 절대 짧다고 할 수 없는 기간을 지나온 주민들은 어떻게 평가할까? 아마도, "뭔가 하긴 한 것 같은데, 잘 모르겠다"가 대다수이지 않을까 싶다. 즉, 체감하지는 못한다는 얘기이다. 「봉제역사관」에는 관람객이 없고, 실질적으로 필요하다고 스스로 밝힌 주민의견인 도로 확장, 집수리 등은 예산을 배정하지 않거나 했더라도 실제 필요한 금액에 못 미친다. '안전안심 골목길 조성'과 '마을탐방로 기반조성' 등에 적잖은 예산이 들어갔지만 기존 골목길에 셉티드 디자인(CPTED, 범죄예방디자인)을 적용하는 정도여서 주민의 숙원과는 거리가 있다. 출발부터 갈등이 많았다는 창신·숭인동의 도시재생사업. 서울시에서는 창신·숭인동을 두고 선도지역으로 추진한 곳인데다가 1,000억 원이 넘는 세금을 투입한 만큼, 나름 성공한 도시재생지역이라는 분위기도 읽힌다.

서울도시재생포털 사이트에서도 "창신·숭인 지역에 12개 마중물사업과 중앙부처 협력사업 등 25개 재생사업 중 주요 핵심 시설이 하나둘 모습을 드러내고 있다"라며 "세계적 비디오 아티스트 백남준 기념관, 봉제역사관, 산마루놀이터, 주민이용시설 등이 개

* 아주경제. 2020. 창신숭인 예산 전수조사 해보니…"안 하니만 못했다" (https://www.ajunews.com/view/20201220101916233, 2024년 4월 26일 검색)

관 후 시민들의 많은 관심을 받고 있다"라고 소개되어 있다. 그런데, 실제 이 동네를 가 보면 최소한 겉으로는 큰 변화를 체감하기 어려운 것이 사실이다.

결국, 문제는 공공의 자금을 선투입하겠다는 곳에 충분히, 그리고 필요한 곳에 투입하지 못하며, 공공자금 또한 투입에 한계가 있다는 얘기이다. 이를 돌파할 만한 대책이 나올 수 있는가? 즉, 도시정비에서 그간 담당하여 왔던 물리적 정비 영역을 도시재생에서 수행할 수 있는가가 관건이다. 최소한 「도시정비」와 「도시재생」을 서로 맞선 개념으로 보는 이는 이에 대해 회의적일 것이다.

❸ 「도시재생」과 「도시정비」를 대립관계로 보는 관점의 언론보도*

"사실 재개발이 싫어서 도시재생사업을 했더니, 도시재생도 답이 아니더라"라는 기조의 기사는 어렵지 않게 발견할 수 있다. 대표적인 사례를 들어보면 앞서 얘기한 창신·숭인지역의 창신동 공공재개발 추진위원회이자 도시재생해제연대 위원장의 인터뷰 기사를 들 수 있다.

---

* '뉴스웨이, 2021.4.19, [인터뷰]"후손들 위해서라도 폐기해야"···도시재생 1호 창신동 민낯'의 주요 내용을 요약

창신동은 지난 2007년 뉴타운 사업이 예정됐으나 2013년 뉴타운 출구전략으로 직권해제돼 재개발이 무산된 지역임과 동시에 도시재생사업이 진행되었던 곳이기도 하다. 해당 기사에서 지적하는 당시 뉴타운 해제에 찬성했던 주민들은 극히 일부(3만 1,000명 중 372명, 12%에 불과)였을 뿐만 아니라, 뉴타운 대신에 추진했던 도시재생사업을 진행했던 7년간의 세월 동안 주민들이 가장 원했던 도로를 현재까지도 만들어주지 않았다는 것이다. 도시재생으로 지정되냐 안 되냐의 과도기적인 상황에서 서울시가 주민 의견을 여느 때보다 충분히 수렴했어야 했는데 실행하지 못했음을 지적하는 동시에 도로가 빠지는 대신 마을공동체 회복, 일자리 창출, 주거환경 개선사업 등을 추진했지만 이마저도 큰 성과는 없었다는 지적이다.

아울러, 도시재생이 진행되면 될수록 젊은 사람들이 다 떠나가는 등 슬럼화가 진행하고 있다는 것 또한 심각한 문제라는 지적이다. 실제로 창신·숭인지역 인구는 감소 추세를 보이고 있는데 도시재생지역으로 지정된 2014년 3만 4,294명이던 창신·숭인지역(창신1·2·3동 및 숭인1동 기준)의 인구는 작년에 2만 9,858명으로 감소했다. 이는 재생을 통해 지역에 활기를 불러일으켜 떠나고 싶은 마을을 살고 싶은 마을로 바꾸겠다던 정부의 당초 계획과는 상반되는 결과라 볼 수도 있다.*

---

* 뉴스웨이, 2021.4.19, [인터뷰]"후손들 위해서라도 폐기해야"···도시재생 1호 창신동 민낯

"후손들 위해서라도 폐기해야"…도시재생 1호 창신동 민낯

(전략)…기념관, 박물관 등에는 주민들의 참여가 저조했다. 심지어 창신동에 거주하는 주민 대다수는 어디서 도시재생사업을 시작하는지조차 몰랐다. 이 중 산마루놀이터는 코로나라는 이유로 문이 굳게 닫혀 있는 등 운영조차 하질 않았다.

강 위원장은 "주민들이 필요하지도 원하지도 않는 오로지 관광객들을 위한 조형물들뿐. 이것이야말로 전형적인 '보여주기'식 정책"이라고 비난했다. 그러면서 "물론 나쁜 시설은 아니다. 그런데 먼저 주민들에게 필요한 시설인지 따져봐야 한다. 모든 사업에는 우선순위가 있는데, 도시재생사업 주체가 된 서울시가 대외 홍보를 우선시하다 보니 주민들 생활과

동떨어지고 눈에 띄는 것부터 먼저 지었다"라고 한심스럽게 말했다.

이미 도시재생 주체가 주민들이 아닌 서울시로 바뀌었다는 점도 문제라는 지적이다. 강 위원장은 "서울시는 진짜 주체인 주민들을 빼놓고 도시재생사업을 이끌었다. 생업으로 바빴던 주민들은 열심히 산 죄밖에 없다"라고 지적했다. …(후략)

자료: 뉴스웨이, 2021.4.19, [인터뷰]"후손들 위해서라도 폐기해야"…도시재생 1호 창신동 민낯

2

「도시재생」과 「도시정비」는 함께 할 수 있다

❶ 「도시재생」은 「도시정비」의 대안적 역할

정책으로서의 '도시재생'은 분명 뉴타운 정책과 같은 '도시정비'의 대안적 배경에서 등장한 것은 분명하다. 그러나 질 좋은 신규주택을 공급한다는 전제 아래 '환경친화', '문화가 있는', '잘 짜인', '젊고 활기찬' 도시를 만든다는 '도시정비'의 대안 역할을 제대로 수행했는가에 대해서는 아무도 '그렇다'라고 자신 있게 말할 수 없는 현실이다.

「도시재생법」 제정 이래, 약 3년간 지자체 주도 및 중앙정부 지원의 형태로 도시재생사업을 시행하였는데,* 국가적 쇠퇴를 극복하기 위한 주요 시책으로 도시재생을 추진하는 데 필요한 법·제도적 체계를 구축하였으나, 전국적 쇠퇴 극복과 현장중심적 대응은 다소 미흡하였다는 평가가 대부분이다. 즉, 「도시재생법」 제정('13) 등으로 국가적 도시재생 추진 기틀을 마련하고, 국가가 지원하는 선도·일반사업을 본격 추진하였으나, 이는 전국 도시재생 추진지역 중 약 10.5%에 제한적으로 지원되고 있으며, 지원지역 역시 사업 필요지역보다는 사업 가능지역에 초점이 맞추어져 있었다.

또한 부처 협업, 기금 지원, 주민 참여 등 사업수행 기반을 조성하였으나, 거버넌스 체계 구축이 미흡하였고 주민·커뮤니티 역량 강화에도 한계를 보였다. 즉, 도시재생특별위원회를 통한 중앙부처 간 연계 구조를 마련하고, 「주택도시기금법」 제정으로 도시재생에 민간주체가 참여할 수 있는 기반은 마련하였으나, 도시재생사업 시행·확대와 연계한 중앙지원조직 및 활동가 등 육성 한계, 부처별 별도사업 지원 등으로 인한 시너지 효과 창출은 미흡하였다.

아울러, 계획 중심의 체계적 도시재생 틀 구축과 공공주도 사업을 시행하였으나, 국고 의존형 기반시설 정비 위주의 사업으로 국민 체감 사업 추진은 미흡하였다는 평가를 받았다. 또한 전략계획·활성화계획을 중심으로 장소중심적 도시재생 추진 체계를 확

---

* 2016년 기준, '14년에 선도지역으로 지정된 13개를 포함하여 '15~'16년 일반지역 33개 지역 등 총 46곳에서 사업이 진행 중

립하고, 주민제안·의견청취 등의 제도화로 주민참여 기반은 마련하였으나 기반시설 정비 외 저층 노후 주거지, 재개발·재건축 시급지역, 주거안전위험지역 등에 대한 대응이 미흡하여 신속한 사업 추진이 어려웠다는 점이 지적되기도 하였다. 국공유지 확보와 공기업 참여 등이 사전협의된 경우라 할지라도 공모 준비에서 활성화계획 통과까지 계획 수립에 최소 2.5년 이상 소요(창동·상계지구 사업 사례)되기도 하였다. 이 같은 현상을 타파하고자 2017년 출범한 문재인 정부는 '도시재생 뉴딜'을 국정과제로 삼아 대대적으로 시행하게 된다.

| 도시재생 뉴딜 설명자료

자료: 경향신문(2017.4.9)
(https://www.city.go.kr/)

자료: 도시재생종합정보체계

| 국가도시재생기본방침개정(안) 추진전략 등

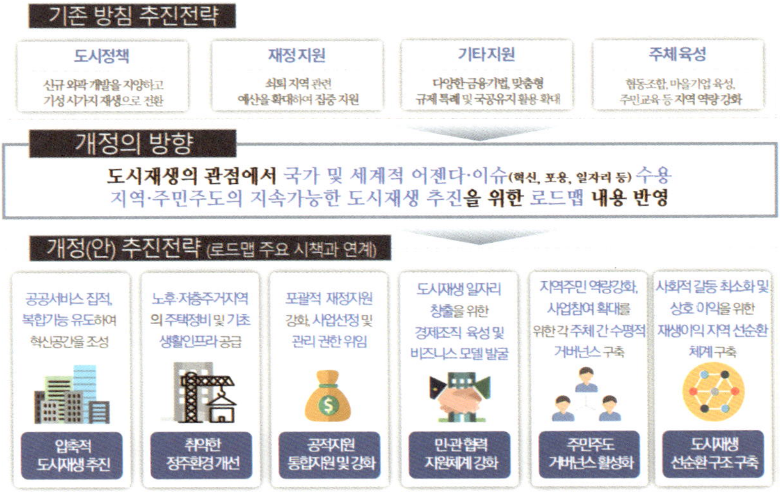

자료: 국토연구원(2018), 도시재생 뉴딜 활성화 방안 마련을 위한 연구

'도시재생 뉴딜'의 성과 유무를 종합적 관점을 가지고 현 시점에서 논하는 것은, 시간이 오래 걸리는 '도시재생'의 특성을 감안한다면 섣부를 수 있다. 다만, 도시재생 뉴딜에서도 추진하고자 했고, 도시민의 정책 체감효과가 가장 큰 주택정비 부분에 한정해서 본다면 지금이라도 충분히 논해볼 수 있다. 「도시재생법」에 의한 도시재생지원기구 역할을 하는 한국토지주택공사는 도시정비사업 또한 진행하고 있는데, 이 둘 간의 차이점을 아래와 같이 설명하고 있다.

| '도시재생'과 '도시정비'

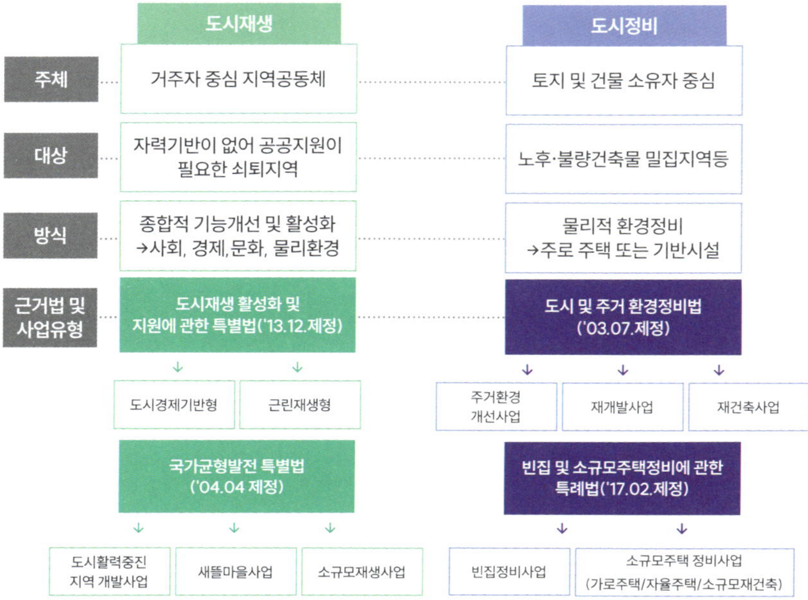

자료: LH 통합정비지원기구 (https://jeongbi.lh.or.kr/mbso/cm/cntnts/cntntsView.do?mi=1042&cntntsId=1031)

확실한 것은 도시민이 살고 있는 주택 정비를 위해서는 어떠한 법제도적 수단을 선택하여야 하는 상황에 놓여 있다는 것이다.

❷ 「도시재생」은 정비가 필요한 지역에 공공복리 관점으로

다시 「도시정비」로

2014년 도시재생선도지역으로 지정되고, 2023년 공공재개발로 방향을 튼(?) 창신동 지역에 대해 좀 더 알아보자. 이 지역은 봉제 공장과 주거지가 혼재하는 지역이다 보니 사업을 하는 주민과 거주만 하는 주민들 사이의 관점은 근본적으로 다르다. 즉, 주민 입장에서는 공장이 늘어나면 소음 문제, 집값 미상승 등의 불편을 겪을 수밖에 없다. 공간을 임대하여 공장을 운영하는 상인 입장에서는 도시정비든 도시재생이든 지역이 활성화되면 세부담이 커진다고 생각하는 것이다. 재개발을 포함한 도시재생에서 주민 간의 이해관계가 다를 수밖에 없는 점을 인정하지 않을 수 없다. 이 같은 상황에서는 도시정비냐 도시재생이냐의 선택적이고 일차원적인 해법을 적용하기에는 모두가 마땅치 않은 형편이다.

이와 함께 2022년 7월 국토교통부가 발표한 '새 정부 도시재생 추진방안'을 살펴보면 도시재생사업에 전면철거 재개발을 허용하고 민간의 참여를 확대한 부분이 눈에 띈다. 도시재생사업기획단 산하 부서 4곳 중 3곳의 명칭을 '재생'에서 '정비'로 바꾸고 기존 사업 488곳을 관리하는 업무에 1기 신도시 재정비, 경제 재생 같은 업무도 추가하였다. 사업 추진방안 부분에서는 쇠퇴지역을 복합개발하는 혁신지구사업, 민간이 사업을 공공에 우선 제안하는 민관협력형 리츠 사업, 주택정비 기준을 완화하는 특례나 재정 지원 등이 담겼다.*

---

* 국토교통부 보도자료. 2022.7. "새 정부 도시재생 추진방안"

그래도 「도시재생」

다시 창신동 얘기로 돌아가면, 착한 도시재생이라는 점을 강조하면서 지역에 살고 있는 주민의 삶을 체감적으로 개선하지 못한 기존 정책의 문제는 분명하게 존재한다. "오래된 환경이나 생활환경이 아직 나아지지 않은 상태에서 이 지역의 낙후된 모습과 봉제산업 자체가 관광의 대상이 된다면 도시재생은 과연 이 낙후한 환경을 개선하기 위한 것인가 아니면 박제화하려는 것인가 의문을 갖게 된다"*라고 말한 연구자도 있다. 너무 낙후되어 현실적으로 주거여건 개선이 어려운 지역에서 무리하게 보존을 중심으로 한 도시재생사업이 추진된 것 아니냐는 지적도 귀담아들을 필요가 있다. 도시재생사업도 넓은 의미의 개발행위에 해당한다. 하지만 도시정비와의 차이는 기존 지역의 모습을 계승하냐 그렇지 않느냐이다. 도시재생사업이 소득과 같은 경제적 성과 또는 시각적으로 보이는 물리적 정비에 그치면 사실상 도시정비와 별 다를 것이 없다는 얘기이다. 개발과 정비가 정말 필요한 쇠퇴지역의 주민에게 가능한 한 골고루 돌아갈 수 있도록 공공관점의 복리 가치를 어떻게 창출할 것이냐가 가장 중요한 것이다.

여기서 또 다른 연구자의 의견을 들자면, "도시재생사업에서 물리적 개선사업의 핵심은 '지역에 필요한 공간을 보완'하고 현재 지역의 '전체적인 공간 틀을 유지'하는 방식으로 진행된다는 것"**

---

* 김지윤 등 공저. 2016. 서울, 젠트리피케이션을 말하다

** 한국도시연구소. 2018. 도시재생과 젠트리피케이션

이라고 말한다. 이와 같은 일관된 원칙이 있되 지켜지지 않으면 도시재생사업 전체의 방향이 뒤틀릴 수도 있다는 것이다. 해당 책에서는 물리적인 개선과정에서 발생하는 세입자의 주거 불안을 해소하기 위해서는 "도시재생사업에서 필요한 정도의 임대주택 공급계획을 수립하면 도시재생사업 선정 단계에서 가점을 주는 방안"*도 검토해볼 만하다 봤다. 또, 현재의 도시재생사업으로는 불가능한 주민소유 주택 수리를 일부 지원해야 한다고 주장한다. 아울러 빈집이나 노후주택 등을 수리하여 전세임대나 매입임대주택으로 활용하는 것을 허용하는 등 세입자의 주거 안정을 위한 임대주택 정책을 도시재생사업과 연계하는 방안을 모색해야 한다고 제안했다. 요약컨대 기존 도시재생사업의 틀 자체에도 변화가 필요하다는 것이다.**

❸ 「도시재생」과 「도시정비」의 상생 관계를 말하는 언론보도***

도시재생을 긴 호흡으로 봐야 한다는 내용의 언론보도가 있어 소개한다. 여러 분야에 몸담고 있는 분들을 인터뷰한 내용을 보면, 그간의 도시재생정책 및 사업을 다양한 관점에서 바라보고 더

* 한국도시연구소. 2018. 도시재생과 젠트리피케이션

** 뉴스타파. 2023.5.24. 도시재생 10년, 길을 잃었나①

*** '뉴스타파. 2023.6.7. 도시재생 10년, 길을 잃었나③'의 내용을 요약

“후손들 위해서라도 폐기해야”…도시재생 1호 창신동 민낯

(전략)…김항집 학회장은 도시재생사업과 도시정비사업 간의 관계를 어떻게 설정할지도 생각해볼 문제라고 말했다. 도시재생사업을 정비와 원형 보존 중 양자택일하는 문제로 봐서는 안 된다는 것이다. 김항집 학회장은 “하나의 사업지 안에서도 정비가 필요한 지역은 정비를, 원형 보존이 가능한 곳은 보존해야 한다”고 말했다. 이를 위해서 사업지역 안에서 도시재생사업과 도시정비사업 간의 관계를 다시 정립할 필요가 있다고 강조했다.

이홍렬 부천대 사회복지학과 교수는 2020년에 발표한 논문 “도시정비사업 관련 법규와 도시재생법의 관계 및 개선방안”에서 ‘도시정비사업과 도시재생사업의 연계성 강화’가 필요하다고 지적했다. 도시재생사업 종료 후 전면철거 재개발사업을 추진하는 것은 ‘도시재생사업 실패의 결과’라기보다는 다양한 방식의 도시재생사업이 제때 통합적으로 운영되지 못하고 중복된 결과라는 것이다.

앞서 언급한 국토연구원 연구보고서에도 도시정비법 등 다른 법과의 중복을 최대한 줄이기 위해 개발과 정비에 관한 사항을 명확히 정해야 한다고 나와 있다. 물리적 환경정비와 관련해서 “(도시재생법에) 별도의 근거 조항이 마련되어 있지 않아 정비 관련 사항을 명확히 구분하는 법률 재구성이 필요하다”는 것이다. …(후략)

자료: 뉴스타파. 2023.6.7. 도시재생 10년, 길을 잃었나③

나은 대안을 모색해야 한다는 얘기가 주류이다. 도시재생사업을 통해 쇠퇴지역의 문제를 스스로 해결해 보고자 하는 주민조직이 생겼고, 사랑방 역할을 기대하고 만든 거점시설도 생겨났다. 그러나 앞서 살펴 본 바와 같이 사업 종료 후 전면철거형 재개발을 다시 추진하는 지역도 분명 있다. 많은 세금을 들여서 지은 거점시설을 사업 종료 후 활용하지 못하는 곳도 어렵지 않게 찾아볼 수 있다. 그럼에도 불구하고 그동안의 사업을 통해 인적·물적 자원과 나름의 경험도 꾸준히 축적 한 것도 사실이다. 이제는 이러한 자원과 경험을 기반으로 다음 단계의 도시재생으로 나아갈 길을 모색해야 할 때라고 끝을 맺고 있다.

「도시재생」과 「도시정비」는 함께 할 수 있는가?

도시재생과 도시정비를 바라보는 두가지 시각. 첫번째,

“ 「도시재생」과 「도시정비」는 함께 하지 못한다 ”

그간의 도시재생사업의 추잔과정을 보면 특히, 물리적 정비가 절대적으로 필요함에도 그러하지 못하는 정책의 한계를 여실히 보여주는 것 같다. '뉴타운' 정책은 기실 물리적 정비 기반의 사업이며, 이의 한계에 대한 대안으로 생겨난 것이 「도시재생」이라는 점을 보면 애당초 대안으로 삼은 것 자체가 관점에 따라 문제로 보이기도 한다. 즉, 도시공간의 물리적 부문을 다루는 정책이 작동하지 않으니 공간 자체보다도 공간 내의 유기적 기능에 방점을 둔 모습이다.

물론, 넓은 의미의 「도시재생」에는 정비의 형태가 포함된다고도 할 수 있으나 현실에서는 개별 법에 의해 사업이 이루어지기 때문에, 이상과 개념에 불과한 것으로 볼 수밖에 없다. 자발적/지속적 여부를 떠나 주민조직을 만든 게 성과인가? 주민 거점시설을 조성한 게 성과인가? 넉넉한 마음으로 이걸 성과라 볼지라도 공공의 지원이 끊기면 작동하지 않는 현실은 어떻게 판단해야 하는가?

많은 사람들이 해외 도시나 국내 신도시를 보면 정돈되고 정비가 잘 되었다, 편리하다며 좋아한다. 지금 현재의 모습에서 그 안에 녹아 있는 여러 정책적 노력까지 보고자 한다면 이는 금상첨화일 것이다. 그러할지라도 물리적 정비의 기반에서 이루어져야 한다. 원하든 원하지 않든 이미 우리는 몇십 년 동안 꾸준히 그 방향으로 나아갔다. 주민이 궁극적으로 원하는 것이 무엇인가? 주민의 선택이 중요하다면 그건 역시 「도시정비」임을 창신·숭인동 사례는 여실히 보여준다.

도시재생과 도시정비를 바라보는 두가지 시각. 두번째,

“「도시재생」과 「도시정비」는 함께 할 수 있다”

도시재생은 도시정비와 다른 개념이 아니다. 정비사업이 잘 된다면 왜 이런 개념까지 등장한 것일까를 생각해 보면 답은 자명하다. 정비사업이 되는 곳이라면 정비사업을 하면 된다. 하지만 요즘 비용 문제로 발목 잡히는 곳이 많아지는 것을 보면, 도시정책 관점에서 어찌해야 하는가에 대한 고민을 하지 않을 수 없다.

동네는 우리 모두가 거주하고 생활하는 기본 터전이다. 이 공간에서 살다 보면, 정비적 요구가 항시 발생할 수밖에 없다. 정비의 필요성을 간과하지 않는다. 하지만, 이 부분을 공공정책의 필터를 통해 들여다보면 다르다. 필요하기는 하지만, 공공의 자금으로는 어찌하지 못하는 부분이 생긴다. 이를 빌미로 도시재생과 도시정비를 대안적 개념 내지 맞선 개념으로 보는 것은 대립과 갈등을 좋아하는(?) 일차원적 발상이다. 물론, 「도시재생」의 정책적 효율성을 높이기 위해 많은 사람들이 부단히 노력해야 하는 것도 사실이다. 이는 우리 모두가 고민해야 하는 크나큰 숙제이다.

방치하면, 즉 정책적 관심을 가지지 않으면 쇠락하는 지역이 계속 생기는 현 상황을 감안하면 물리적 정비사업 위주로만 우리 도시공간을 맡길 수 없다는 것이 그 시작이었음을 다시 한번 되새길 필요가 있다.

3

도시재생은 '방향'이고, 도시정비는 '목표 또는 수단'이다

재개발·뉴타운 사업 등의 전면철거 방식이 아닌 기존 환경을 손보는 방식, 이른바 '리모델링' 방식의 도시개발을 일컬어 도시재생이라고 이해하는 사람이 많다. 하지만 사실은 그렇지 않다. 도시재생이란 "도시에 얽힌 거의 모든 이해관계(일자리, 교통, 교육, 주거복지 등)를 동시에 고려하여 진행하는 개발 사업"을 '다시 살린다(再生)'는 말로 포장한 일종의 '수사'이다. 이는 「도시재생법」을 살펴보면 확실히 알 수 있다.

도시재생 자체만으로는 목적을 달성하는 것이 어렵고, 개별 법에 의한 사업과 잘 조화를 이루어야 비로소 가능하다. 위 항목 중 과거에 유행한 재개발·뉴타운 사업 등을 일컫는 부분은 '라'목이다. 예전에 대외 여건에 따라 시행이 들쑥날쑥했던 도시정비사업

"도시재생사업"이란 도시재생활성화지역에서 도시재생활성화 계획에 따라 시행하는 다음 각 목의 사업을 말한다.

가. 국가 차원에서 지역발전 및 도시재생을 위하여 추진하는 일련의 사업
나. 지방자치단체가 지역발전 및 도시재생을 위하여 추진하는 일련의 사업
다. 주민 제안에 따라 해당 지역의 물리적·사회적·인적 자원을 활용함으로써 공동체를 활성화하는 사업
라. 「도시 및 주거환경정비법」에 따른 정비사업 및 「도시재정비 촉진을 위한 특별법」에 따른 재정비촉진사업
마. 「도시개발법」에 따른 도시개발사업 및 「역세권의 개발 및 이용에 관한 법률」에 따른 역세권개발사업

(…하략…)

자료: 국가법령정보센터. 도시재생 활성화 및 지원에 관한 특별법

은 「도시 및 주거환경정비법」에 따른 정비사업 중 '도시환경정비사업'에 해당한다. 모두 「도시재생법」상 도시재생사업으로 분류되는 것이다. 앞서 언급한 대로 「도시재생법」이 만들어진 2013년 이전에는 도시재생(사업)이 없었는가? 그렇지 않다는 것을 앞에서 살펴보았다. 도시재생은 개발 형태의 사업을 '다시 살린다'는 말로 덧씌웠을 뿐이다. 따라서 꼭 「도시재생법」에 근거한 도시개발

만이 도시재생인 것은 아니다. 법제적으로 보아도 그러하다. 어느 동네에 주민편의시설을 지어도 도시재생, 마을 텃밭을 만들어도 도시재생, 저층 노후주택을 허물고 주민이 조합을 만들어 재개발 사업을 해도 도시재생인 것이다.

그렇다면 사람들은 왜 '도시재생'과 '도시정비'를 구분하여 다른 관점으로 보는 걸까? 도시재생이 기존 물리적 개발에만 치중하던(그래서 원주민의 재정착률이 떨어지는 등의 많은 부작용을 낳던) 재개발·뉴타운 사업 등의 대안으로 부상하였고, 그간의 도시재생이 주택정비와 같은 물리적 환경정비가 소홀해서 그러하다고 볼 수밖에 없다고 여겼기 때문이다. 그 영향으로, 도시재생은 전면철거를 수반하는 개발을 하지 않는다는 인식이 사람들 사이에 자리 잡게 된 것이다.

혹자는 연구결과물을 통해, 올해 10년 차를 맞은 도시재생사업은 지난 정부에서 대규모 공적자원을 투입한 것에 비해 사업결과가 기대에 미치지 못한다"며 "심지어 일부 지역에서는 '도시재생 해제연대'를 결성할 정도로 거부감이 큰 상황"이라고 지적하는 한편, "하지만 지방소멸과 균형발전 등 여전히 국가적으로 도시재생 정책은 필요하기에 지난 10년간의 '1세대 도시재생'을 심도 있게 고찰해 보고 시행착오를 밑거름 삼아 '2세대 도시재생'으로의 변화가 필요한 상황"이라고 설명했다.*

* 건설산업연구원(2023), Reset 대한민국 도시재생:지난 10년의 시행착오를 바탕으로 새로운 도시재생 정책 방향 탐색

또한 아이러니한 상황이긴 하지만, 최근 국내에서도 3기 신도시 계획 발표 이후 무분별한 신도시 조성을 비판하는 여론이 일면서 도시재생을 대안으로 제시하는 이들이 많다. 1기 신도시는 조성된 지 30년이 다가오면서 노후화가 심화되고, 2기 신도시는 2000년대 중반부터 조성됐지만 아직도 공실인 지역이 있다. 전문가들은 대체로 인구감소 시대에 추가로 신도시를 조성하기보다는 기존 서울 도심과 구(舊)신도시 등의 도시재생을 활성화하는 것이 바람직한 방향이라는 점에 공감하는 분위기다. 다만, 현행의 도시재생정책만으로는 주택의 신규 공급에 한계가 있다는 점은 명확히 해두어야 할 필요가 있다.

장래 인구감소와 고령화가 더욱 심해지면 계획인구를 줄이는 파격적인 도시재생 방안도 고민해야 할 상황이 올지도 모르겠다. 아파트 단지를 단독주택으로 재조성하거나, 빈집을 철거하여 주민의 공동이용시설로 조성하는 등 도시민의 삶의 질을 높이는 식이다.* 도시밀도는 줄이고 주민의 만족도를 높이는 도시재생 계획이 필요하다고 하는 전문가도 있다. 용적률을 높여 저층 아파트를 고층 아파트로 재건축하는 데 익숙해진 우리에겐 조금 엉뚱한 얘기로 들린다. 예측하기 힘든 공공의 예산이 들어갈 가능성이 높기에 현실성이 떨어진다고 볼 수도 있다. 하지만 저층 노후주거지 쇠퇴를 넘어 신도시 쇠퇴를 걱정하는 요즘에는 오래된 아파트를 유지 관리하는 데도 꽤 많은 비용이 발생한다는 점도 짚어볼 필요

* 일본의 노후 신도시와 관련해 전문가들이 생각하는 재생 방향 중 하나이기도 함

가 있다.

이제 우리에겐 현실로 다가온 인구절벽 시대를 맞이하려고 하는 지금, 도시재생에 대한 발상의 전환이 필요하다. 도시가 비정상에서 정상으로 갈 수 있는 수단일 수 있다. 인구의 폭발적 증가시기엔 도시집중을 막고자 했으며, 도시에는 사람과 차가 늘고 이에 따른 기반시설을 만드는 등 바로바로 대응하지 않으면 큰 도시문제가 생겼다. 인구가 감소하면, 이러한 공급과잉 정책에서 기존자산을 이용한 적절공급 정책으로 바뀌어야 한다고 보고 새로운 도시재생을 추진하는 것이 중요할지도 모른다.

결국, 정책적 의미의 '도시재생'은 '도시정비'와 연계될 경우 더욱 빛이 날 것이고, 도시계획의 일환으로서 장기적인 계획하에 지속성을 확보하고 상황에 탄력적으로 대응할 때 제대로 된 효과를 낼 수 있을 것이라 기대한다.

참고문헌

단행본 및 논문

건설산업연구원. 2023. Reset 대한민국 도시재생:지난 10년의 시행착오를 바탕으로 새로운 도시재생 정책 방향 탐색

국토교통부. 2013. 국가도시재생기본방침

국토교통부. 2022.7. "새 정부 도시재생 추진방안" 보도자료

국토교통부. 2023. 도시재생 뉴딜 중장기 발전방안

국토연구원. 2018. 도시재생뉴딜 활성화 방안 마련을 위한 연구

김지윤 공저. 2016. 서울, 젠트리피케이션을 말하다

두리환경연구소. 2011. 살고싶은 도시만들기 시범도시 사업의 성과와 과제. 국토연구원 창조적도시재생시리즈 23

서울특별시. 2015. 서울특별시 종로구 도시재생선도지역 근린재생형 활성화계획 p59

장남종. 2014. 서울시 뉴타운·재개발 해제지역의 실태조사 분석 연구. 서울:서울연구원

한국도시연구소. 2018. 도시재생과 젠트리피케이션

법령

「도시재생 활성화 및 지원에 관한 특별법」

언론보도

경향신문. 2017.04.09. 문재인 "매년 10조 투입해 도시재생 뉴딜 추진"

뉴스웨이, 2021.04.19., [인터뷰]"후손들 위해서라도 폐기해야"···도시 재생 1호 창신동 민낯

뉴스타파. 2023.5.24. 도시재생 10년, 길을 잃었나①

뉴스타파. 2023.6.7. 도시재생 10년, 길을 잃었나③

서울신문. 2012.01.31. 서울시 뉴타운·재개발·재건축 610곳 원점 재검토 (https://www.seoul.co.kr/news/2012/01/30/ 0120130800030, 2024년 4월 26일 검색)

아주경제. 2020. 창신숭인 예산 전수조사 해보니···"안 하니만 못했다" (https://www.ajunews.com/view/ 20201220101916233, 2024년 4월 26일 검색)

인터넷 자료

서울특별시 (https://www.seoul.go.kr/main/index.jsp)

서울정책아카이브(https://seoulsolution.kr/archives/ 2008438)

서울특별시. 내손안의 서울(https://mediahub.seoul.go.kr/

도시재생종합정보체계(https://www.city.go.kr/)

LH 통합정비지원기구 (https://jeongbi.lh.or.kr/mbso/cm/cntnts/cntntsView.do?mi=1042&cntntsId=1031)

e영상역사관(https://www.ehistory.go.kr/)

04

젠트리피케이션의 득과 실
자연스러운 현상 vs. 경계해야 할 현상

젠트리피케이션의 이해

1 젠트리피케이션은 도시재생에서 용인 가능한 자연스러운 현상이다

2 젠트리피케이션은 도시재생에서 반드시 경계해야 할 현상이다

3 젠트리피케이션은 양날의 검 : 모니터링의 중요성, 발생 단계별 조치

박성경

젠트리피케이션의 이해

❶ "젠트리피케이션"은 부정어인가 긍정어인가?

국립국어원에 따르면 젠트리피케이션(Gentrification)은 "중하류층이 생활하는 도심 인근의 낙후 지역에 상류층의 주거지역이나 고급 상업가가 새롭게 형성되는 현상"으로 최근에는 외부인이 유입되면서 본래 거주하던 원주민이 밀려나는 부정적인 의미로 많이 쓰이고 있다.* 또한 젠트리피케이션을 '둥지 내몰림'이라는 단어로 순화(2016년 5월 9일)하여 사용하도록 권장하고 있는 것처럼 젠트리피케이션은 우리에게 부정적인 단어로 인식되기 쉽다. 하지만 젠트리피케이션은 주로 도시나 지역의 변화가 나타나는 과정에서 사용되는 용어로서 보편적으로 중립적인 의미로 쓰이는 단어이며, 젠트리피케이션 현상에 따라 긍정 또는 부정의 양립적인 효과가 나타날 뿐 단순히 부정적이거나 긍정적인 현상으로만 이해할 수 있는 것은 아니다.

일부 사람들은 젠트리피케이션을 부정적인 현상으로 보며, 이로 인해 주거 및 상가 임대 비용이 증가하여 기존 지역주민이 이탈하고 문화가 소실됨으로써 지역의 다양성이 훼손되는 것을 우려한다. 더 나아가 사회적인 격차가 확대되며, 지역 내 갈등을 야

* 국립국어원 홈페이지. (https://opendict.korean.go.kr/dictionary/view?sense_no=1201250&viewType=confirm, 2024년 4월 3일 검색)

기할 수 있다고 주장한다.

반면 젠트리피케이션을 긍정적으로 평가하는 사람들은 젠트리피케이션을, 지역을 활성화하는 과정에서 반드시 또는 어쩔 수 없이 일어나야 하는 현상으로 보며, 이를 통해 지역 경제가 활성화되고 도시 기반시설이나 주거환경이 개선될 거라고 기대하기도 한다. 따라서 젠트리피케이션은 현상의 맥락과 상황에 따라 다르게 평가될 수 있다.

❷ 젠트리피케이션과 도시재생

원래 젠트리피케이션은 낮은 계급의 주거지역에 중산층 이상의 계층이 유입되면서 지역이 탈바꿈되고 기존 하층 계급의 주민들이 주거비용을 감당하지 못해 이주하는 현상을 설명하기 위해 1964년 영국의 사회학자 루스 글래스(Ruth Glass)가 처음 사용하기 시작한 용어이다.* 이후 학술적으로 젠트리피케이션에 대한 많은 논의가 이어져 왔으며, 최근에는 물리적 환경 개선부터 부동산 가격 상승 등의 경제적 변화, 그리고 기존 주민과 새로운 주민들 간의 사회적 문제까지 일련의 도시 변화 과정들이 젠트리피케이션이라는 현상에 담겨 그 의미가 더욱 확장되고 있다.

---

* 네이버 지식백과. (https://terms.naver.com/entry.naver?docId=3344365&cid=40942&categoryId=31637, 2024년 4월 2일 검색)

젠트리피케이션이라는 용어가 이론화되기 시작한 것도 도시 외곽 개발과 함께 쇠퇴한 원도심으로의 재이주로 인한 도시 재부흥과 관련이 있다. 이처럼 젠트리피케이션은 도시개발과 도시재생의 두 얼굴*이라고 할 수 있을 정도로 과거부터 도시와 밀접한 관계를 맺어왔다.

국내에서는 2010년대 초 도시재생시대에 접어들면서 전문학술 용어라고 생각했던 젠트리피케이션이 미디어에 자주 노출되며 대중적인 용어로 사용되기 시작하였다. 젠트리피케이션 관련 언론보도(뉴스 분석)를 살펴보면 도시재생사업이 가장 활발하게 진행되었던 2015년부터 2019년까지 젠트리피케이션이라는 용어가 가장 많이 언급되고 있는 것을 볼 수 있다.

| 젠트리피케이션 키워드 분석

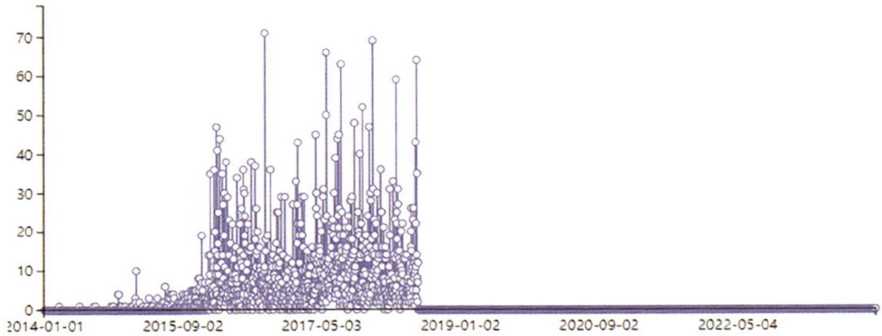

주) 분석 범위: '젠트리피케이션' 키워드를 다룬 뉴스기사 분석 기간: 2014년~2023년(10년간)

자료: 범정부 데이터 분석시스템. '젠트리피케이션' 키워드 분석(https://www.insight.go.kr/admTmAnals/admTmAnalsKw/selectAdmTmAnalsKwList.do, 2024년 4월 3일 검색)

* 최종석 외(2018). 서울시 젠트리피케이션에 관한 시론적 연구(p. 343)에서 인용

'도시재생'이란 인구의 감소, 산업구조의 변화, 도시의 무분별한 확장, 주거환경의 노후화 등으로 쇠퇴하는 도시를 지역역량의 강화, 새로운 기능의 도입·창출 및 지역자원의 활용을 통하여 경제적·사회적·물리적·환경적으로 활성화시키는 것을 말한다.* 도시재생에서 젠트리피케이션을 예민한 이슈로 받아들이는 것 또한 도시재생이 단순히 물리적인 변화뿐만 아니라 기존 지역이 가지고 있는 문화적 정체성, 공동체 회복 등 사회적 활력의 회복을 목표로 하고 있기 때문이다.

앞에서 언급했던 것처럼 젠트리피케이션이라는 현상에는 물리적 환경 개선부터 기존 주민들의 '내몰림'까지 일련의 과정들이 담겨 있다. 그러나 물리적 환경의 변화가 단순히 주민들의 '내몰림'으로 귀결되는 것은 아니며, 이러한 '내몰림'을 단순히 나쁜 현상이라고 말할 수도 없다. 혹자는 도시재생 과정에서의 '손바뀜'은 반드시 일어나야 하는 현상이라고 말하기도 한다. 이러한 관계의 복잡성 때문에 젠트리피케이션은 도시재생 사업에서 꼭 짚어봐야 하는 이슈이기도 하다.

그렇다면 젠트리피케이션은 도시재생에서 용인 가능한 자연스러운 현상으로 봐야 할까, 혹은 도시재생에서 반드시 경계해야 할 현상으로 봐야 할까? 젠트리피케이션 현상이 일어나는 입지, 도시여건 등에 따라 다르겠지만 도시재생 사업 과정과 결과로 나타나는 젠트리피케이션 현상에 대해서는 두 가지 입장이 첨예하게 공존한다.

---

* 「도시재생 활성화 및 지원에 관한 특별법」(이하, 도시재생법) 제2조 (정의)

1

젠트리피케이션은 도시재생에서 용인 가능한 자연스러운 현상이다

❶ 도시재생에서 나타나는 젠트리피케이션은 지역 활성화에 영향을 미친다

젠트리피케이션은 폐쇄적 과정이 아닌 연속적 과정으로 고정된 시각으로 볼 수 없는 단계적 개념이 필요하다. 따라서 긍정적인 효과만을 기대한다면 부작용에 대한 후폭풍이 우려될 수도 있으며, 부정적 효과에만 집착하다 보면 도시재생 활성화를 위한 동력이 약화될 수 있다.

젠트리피케이션이 지역에 미치는 영향은 젠트리피케이션 발생 단계별로 특성을 지닌다. 심경미 외(2018) 연구에서는 젠트리피케이션의 단계 모델을 5가지로 구분하였다. 1단계는 상권 변화

시작 단계, 2단계는 지역 특성화 단계, 3단계는 지역 인기 상승 단계, 4단계는 부동산 가격 급등 단계, 5단계는 지역 쇠퇴 단계이다.

1단계에서 3단계까지는 내외부인의 관심이 나타나며 상권이 조금씩 활성화되고 방문객, 임대료, 매출 등이 모두 점차 상승하는 단계로 지역이 활성화되는 단계를 나타낸다. 이를 넘어 4단계로 진입하면 지나친 상업화로 대규모 자본이 들어오고, 부동산 가격이 급등하는 부정적 징후 단계에 들어서게 된다고 설명하였다.

젠트리피케이션의 긍정적 효과를 극대화하고 젠트리피케이

| 상업적 젠트리피케이션의 단계 모델

구분	상권의 변화	부동산 변화
1단계 (상권 변화 시작 단계)	주거용도 > 상업용도 전환 시작 리모델링을 통한 창의적 상점의 창업 시작	아직까지 저평가 (낮은 임대료)
지역 변화	도시재생사업 지역 선정으로 지역에 대한 내외부인의 관심이 나타나기 시작하는 단계 경제적 가치에 대한 기대 상승과 아직까지 낮은 임대료 등으로 빈 점포 리모델링을 통한 신규 점포가 나타나기 시작하는 단계	
2단계 (지역 특성화 단계)	창의적/감각적 상점이 확대, 증가되는 시기	부동산 가치가 서서히 상승 소규모 자본투자 시작
지역 변화	새로운 업종의 확대로 지역이 특성화되는 단계 독특한 지역성의 형성으로 미디어에 노출이 서서히 시작되고 외부인들이 이주나 투자에 관심을 보이는 단계외부인들의 방문이 늘기 시작하는 단계	
3단계 (지역 인기 상승 단계)	외부인을 서비스하는 업종의 확대 근린생활업종의 감소	부동산 가치 상승 임대료 상승 매출액 상승
지역 변화	미디어에 집중적인 노출이 지속되고 외부 방문객이 지속적으로 증가하면서 외부 자본이 유입되어 부동산 가치가 상승하는 단계 거주환경의 변화로 원주민들의 비자발적인 이주가 시작되는 시기	

자료: 심경미 외(2018). 상업적 젠트리피케이션 진단체계 연구: 근린재생형 도시재생사업을 중심으로

션이 지역에 긍정적인 영향을 미치기 위해서는, 단계별로 진행되는 젠트리피케이션의 과정을 지속적으로 모니터링하고 대응하는 노력이 필요하다.

① 젠트리피케이션의 긍정적 효과

도시재생사업은 쇠퇴한 지역의 물리적 환경개선(H/W)과 주민들의 역량 강화 및 공동체 회복(S/W)을 통해 지역을 재활성화하는 데에 그 목적이 있다. 도시재생사업으로 인해 주변 환경이 개선되고 편의시설이 늘어나면 인구 유입이 늘어나기 시작한다. 특히, 도시재생사업은 쇠퇴한 지역이 대부분으로 주로 임대료가 저렴한 지역에서 시작되는데, 사업 이후 새로운 문화·예술가·상업 기능 등이 도입되면서 매력적인 지역 특색을 형성하게 된다. 이에 따라 외지인들이 지역으로 유입하게 되며, 새로운 시장을

| 젠트리피케이션 발생 과정

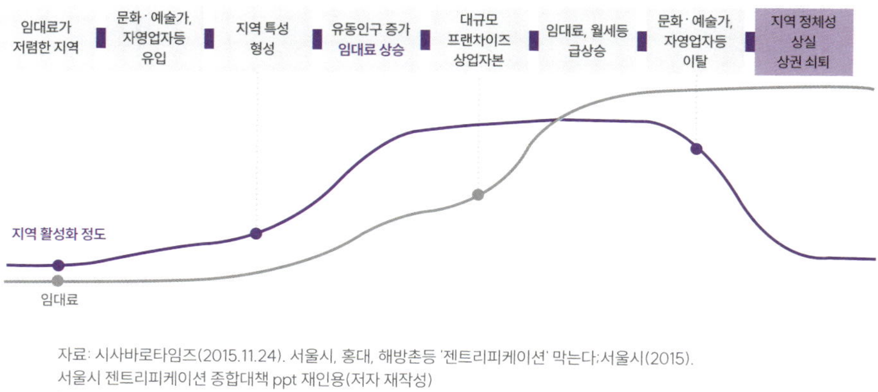

자료: 시사바로타임즈(2015.11.24). 서울시, 홍대, 해방촌등 '젠트리피케이션' 막는다;서울시(2015). 서울시 젠트리피케이션 종합대책 ppt 재인용(저자 재작성)
(http://www.sisabarotimes.com/news/view.php?idx=2291, 2024년 4월 30일 검색)

형성하고 주거 질이 높아지며 상권이 더욱 살아나게 된다.

이 과정에서 저렴한 가격으로 거주하던 주민들이 이주하거나, 대규모 상업자본이 유입되는 등의 사회적 이동성을 일으킬 수 있다. 하지만, 이렇게 활력을 되찾은 지역은 해당 지역과 그 주변 지역의 환경 개선 및 경제 활성화 측면에서 분명한 효과가 나타난다.

젠트리피케이션의 긍정적인 효과를 살펴보면, 우선 물리적인 환경 개선으로 인해 지역이 안전해지고 범죄 감소 효과가 나타난다. 이진희(2022)는 관련 연구에서 젠트리피케이션을 통해 환경이 개선되고 장기 거주자들이 지역에 정착함으로써 지역이 사회적으로 안정되고, 범죄율 감소 등의 부수적 효과를 기대할 수 있다고 하였다.

지역 경제 활성화 측면에서는 지역 상점에서 소비자들의 구매력이 증가하고, 상인의 경우 단기간에 매출이 증가하는 등 실질적인 경제 이익을 창출할 수 있으며, 더 나아가 지역 재투자 방식으로 선순환 구조를 실현할 수 있다. 또한 일자리 창출 등으로 고용 기회가 확대되기도 한다.

| 젠트리피케이션의 긍정적 효과

주체	긍정적 효과
도시 기반시설 개선	· 지역 인프라스트럭처 및 서비스 부담 감소 · 안전 확대, 범죄 감소
주거환경 개선	· 안전 확대, 범죄 감소

지역 경제 활성화	· 지역 상점에서 소비자 구매력 증가 · 단기간 매출 증가 · 공실률 감소, 부동산 가치 상승,인센티브 등 지원 · 추가 개발의 장려 및 가능성 증대 · 공공 세금 감면
고용 기회 확대	· 일자리 창출 등
지역 안전성 향상	· 쇠퇴지역 안정화, 지방재정 수입 증가, 도시 교외 확장 감소
문화적 다양성 증대	· 사회 계층 혼합 증대

자료: Loretta Lees, Tom Slater, and Elvin Wyly(2008), Gentrification, Routledge, p.196. 재인용 ; Rowland Atkinson and Gary Bridge, eds.(2005), Gentrification in a Global Context: the New Urban Colonialism, Routledge, p.5. 재인용 ; 심경미 외(2018), 상업적 젠트리피케이션 진단체계 연구를 참고하여 저자 재구성

② 젠트리피케이션 부작용 방지 노력

젠트리피케이션 과정에서 나타나는 부작용을 방지하기 위한 노력도 있다. 정부 차원에서는 「상가건물 임대차보호법」, 「지역상권법」, 「부동산거래신고 등에 관한 법률」 등의 법 제정을 통해 젠트리피케이션 방지 정책을 펼쳐왔으며, 지자체에서도 관련 조례를 제정하는 등의 노력을 이어오고 있다. 대표적으로 2016년 성동구는 변화하는 성수동의 젠트리피케이션 방지를 위해 '성수동 지속가능발전구역'을 지정하였다. '성수동 지속가능발전구역'에서는 지역 상권 활성화와 지역공동체의 상생발전을 도모하기 위해 건물주·임차인·성동구 간 3자 자율협약인 상생협약 체결을 적극 권장하고, 지역 상권과 성수동 고유의 골목문화를 보호하기 위해 서울숲길 일부 지역의 특정 업종에 한해 대기업·프랜차

이즈 가맹점의 입점을 제한하고 있다. 또한 뚝섬 주변 지역 지구단위계획과 연계, 서울숲길 일부 지역에 임대료 안정을 약속하는 이행협약을 체결하면 신·증축 시 용적률 제한을 완화하는 제도를 마련하고, 그 외에도 지역의 상생발전을 위해 구역 내 주민과 상호 협력하여 다양한 사업을 추진하였다.*

이후 도시재생 뉴딜이 본격적으로 시행된 2018년 국토교통부는 앞서 나타난 젠트리피케이션을 사전에 방지하기 위해 도시재생 뉴딜 로드맵을 통해 상가 내몰림 현상(상가 젠트리피케이션 부작용) 대응을 주요 과제로 설정하였다. 이를 통해 도시재생지역 내 상생협의체 구축 및 상생계획 수립을 의무화하고, 저렴한 공공임대상가 공급을 통해 내몰림을 최소화하고자 하였다. 또한 안정적인 임차환경을 조성하기 위해 계약갱신청구권 기간을 연장하고, 권리금 보호 확대 등을 검토하여 상가임대차법 개정을 추진하였다. 특히 상생협약 체결 시 금융 및 도시계획상 인센티브를 부여하는 등의 다양한 제도를 수립하여 이전 도시재생 선도 및 일반사업 대상지에서 도출된 젠트리피케이션 문제점을 보완하고자 하였다.**

* 성동구 홈페이지. 분야별 정보-도시경제-젠트리피케이션(https://www.sd.go.kr/main/contents.do?key=1708&, 2024년 4월 9일 검색)

** 국토교통부(2018). 내 삶을 바꾸는 도시재생 뉴딜 로드맵

❷ 젠트리피케이션을 통한 선순환 효과와 관련한 뉴스 기사

한 기사에 따르면 젠트리피케이션은 낙후한 구도심에 활기를 불어넣고 투자를 유발하는 긍정적인 효과가 있다고 언급하기도 하였다(물론 지역 개발로 인한 임대료 상승 등으로 기존 주민 및 상인들의 이주 현상에 대한 부작용도 언급하였다).

> "젠트리피케이션을 통해 사무실이나 상업시설은 과거보다 더 높은 이윤을 창출하고, 첨단주거지가 들어섬으로써 도심은 한층 활기를 찾을 수 있으며, 이에 따라 주민의 평균 소득도 향상되고 지역에 대한 주민의 소속감과 부동산적 가치도 높아진다"
>
> - 이코노믹 리뷰(2015.6.25) -

기사에서는 콜롬비아 대학의 랜스 프리맨(Lance Freeman) 교수와 콜로라도 대학과 듀크 대학의 연구팀들이 발표한 '거주지역의 변화: 젠트리피케이션을 보는 시각'이라는 연구 보고서를 인용하였는데, 이 보고서에 따르면 젠트리피케이션이 꼭 저소득 계층에게 불리한 현상만은 아니라고 주장하고 있다고 한다. 오히려 젠트리피케이션이 재정적 순환구조를 만들어주고 나아가 잠재 거주자들에게 더 많은 경제적 기회를 창출해주어 지역경제를 살리는 측면에서 기존 원주민들에게 긍정적인 작용을 한다는 분석이다.

실제 국내에서도 젠트리피케이션이 진행되는 지역을 중심으로 상권 발달과 함께 부동산 가치도 오르고 있다. 한국도시설계학회

관계자는 "젠트리피케이션은 도심재생의 관점에서 본다면 빈곤 지역 또는 재개발 필요 지역이 자연스럽게 개발의 물살을 타게 만들어 도시가 균형발전하는 방향으로 나아가는 데 꽤나 매력적인 요소"로 작용하고 있으며, "특히 노후 주택 지역이 활성화되면서 중산층이 유입되기 때문에 지역 불균형을 조정하는 역할도 하고 있다"고 말했다.*

[도시재생의 마법-젠트리피케이션]
舊도심의 반란, 한국식 젠트리피케이션

이코노믹리뷰(2015.6.25)

지역경제 활성화 도시 균형 발전에는 '긍정적'
도시 문화에서 새로운 흐름으로 자리 잡고 있는 젠트리피케이션의 가치는 다양한 분야에서 발생하고 있다.
젠트리피케이션을 통해 사무실이나 상업시설은 과거보다 더 높은 이윤을 창출하고, 첨담주거지가 들어섬으로써 도심은 한층 활기를 찾을 수 있다. 이에 따라 주민의 평균 소득도 향상되고 지역에 대한 주민의 소속감과 부동산적 가치도 높아진다.
최근 콜롬비아 대학의 랜스 프리맨(Lance Freeman) 교수와 콜로라도 대학과 듀크 대학의 연구팀들이 발표한 '거주지역의 변화: 젠트리피케이션을 보는 시각'이라는 연구 보고서에 따르면, 젠트리피케이션이 꼭 저소득 계층에게 불리한 현상만은 아니라고 주장하고 있다.
오히려 젠트리피케이션이 재정적 순환구조를 만들어주고 나아가 잠재 거주자들에게 더 많은 경제적 기회를 창출해주어 지역경제를 살리는 측면에서 기존 원주민들에게 긍정적인 작용을 한다는 분석이다.

---

* 이코노믹리뷰(2015.6.25). [도시재생의 마법-젠트리피케이션] 舊도심의 반란, 한국식 젠트리피케이션(https://www.econovill.com/news/articleView.html?idxno=250171, 2024년 4월 8일 검색)

또 다른 기사*에 따르면 젠트리피케이션 부작용 방지를 위해 조성된 성동안심상가가 안정적인 지역 경제활동 활성화를 도모한다고 언급하였다. 성동안심상가는 「서울특별시 성동구 지역공동체 상호협력 및 지속가능발전구역 지정에 관한 조례」 제20조에 따라 지역공동체 생태계 및 지역상권 보호를 위해 성동구가 조성·운영하고 있다. 아시아경제(2024.3.19) 뉴스 기사**에 따르면 젠트리피케이션에 의한 급격한 임대료 상승에 대비하여 방지책으로 조성된 '성동안심상가' 입주자를 대상으로 설문조사한 결과 94.4%가 주변에 안심상가를 추천할 의향이 있는 것으로 응답하였다. 기사에서는 성동안심상가만의 저렴한 임대료와 장기 임대 계약은 소상공인들이 안정적으로 경영할 수 있는 기반이 되어 지역 경제 활성화를 이끌고 있다고 말했다.

성동안심상가 입주업체 만족도 94.4%

아시아경제(2024.03.19.)

"입주업체 만족도 조사 결과 타인에게 추천의향 있음 94.4%, 임대료 만족 83.3%, 임대기간 만족 87%... 시세의 70% 수준의 저렴한 임대료와 최대 10년의 장기임대로 소상공인의 안정적 운영 지원... 2018년 1호점 조성 후 74개소 운영 중 지역경제 활성화 및 소상공인의 든든한 지원군으로 자리매김"

* 성동구 공고 제2023-1419호.(2023.9.27)성동안심상가 입주자 모집 공고

** 아시아경제(2024.3.19). 성동안심상가 입주업체 만족도 94.4%(https://view.asiae.co.kr/article/2024031906482285119, 2024년 4월 8일 검색)

❸ 공주시 도시재생사업 사례 : 젠트리피케이션과 지역 활성화

공주시는 도시재생사업 성공 모델로 잘 알려져 있다. 최근까지도 공주시 도시재생사업 성공 모델에 대한 벤치마킹을 위해 타 지역 기관 관계자들과 단체 방문이 이어지고 있다.*

공주시는 2014년부터 2018년까지 5년간 원도심에 해당하는 중학동, 옥룡동, 옹진동 일원을 대상으로 원도심 활성화와 아름다운 역사 도시 환경을 조성하기 위해 도시재생 선도사업을 진행하였다. 지금도 도시재생사업이 활발하게 진행**되고 있는 공주시는 도시재생사업을 통해 공주문화예술촌 조성사업, 청년창업 활성화 사업, 주민참여 중심가로 개선사업, 테마가로 골목길 조성사업, 지역공동체 활성화 거점 조성 및 역량 강화 사업 등을 추진하였다.***

심경미 외(2018)의 연구에서는 공주시 도시재생사업 지역 일부****를 대상으로 젠트리피케이션 진단을 시행하였다. 도시재생을 통해 지역이 변화하고, 그 결과 해당 지역의 젠트리키페이션 발생

---

* 충남일보(2021.7.19). 공주시, '도시재생사업' 벤치마킹 잇따라(https://www.chungnamilbo.co.kr/news/articleView.html?idxno=613651, 2024년 4월 8일 검색)

** 옥룡동 도시재생 뉴딜사업(2017년 선정), 중학동 도시재생 뉴딜사업(2019년 선정), 주민 주도형 골목경제 활성화 사업, 주거환경 개선사업, 소규모 재생사업 등 추진

*** 이종환(2019.11). 오래 볼수록 더 사랑스러운 공주 도시재생 이야기. 월간국토 제457호. 국토연구원

**** 2014년 도시재생 선도사업으로 선정된 지역 중 사업 추진으로 가장 많은 변화가 나타난 지역을 중심으로 분석을 진행함(도시재생선정('14.4.5) 이전, 선정 직후, 사업 진행 중, 사업종료 시점('17.12)을 고려하여 2013년 1월~2017년 12월까지 약 5년간을 분석함)

정도를 진단하고자 하였다(본 연구의 근본적인 목적은 젠트리피케이션 진단체계 구축이며, 이를 위한 시범사업 대상지역 중 하나로 공주시를 분석하였음*). 공주시의 경우 도시재생이 시작된 2014년부터 5년간 모든 항목에서 큰 변화를 보여주었다. 외부 유입인구, SNS 노출빈도, 유동인구 등을 통해서 본 지역 관심 및 인기도, 그리고 공시지가, 부동산 가격, 거래량 등을 통해 본 부동산 가치, 식음업종, 근린생활 업종을 통해 본 식음 상권 등이 지속적으로 증가하는 추세를 보였다.

특히, '15년에 외부 유입인구가 40% 증가하며 상업·업무용 부동산 가격이 크게 상승한 연구 결과에 따라 공주시 지역 활성화 과정에서 젠트리피케이션이 발생한 것으로 판단된다. 그러나 이러한 젠트리피케이션 발생이 원주민의 이주나 공동체 훼손, 사회적 갈등으로 드러나진 않았다. 해당 연구에서도 공주시 상권은 크게 확대되고 있지만, 거주환경이 크게 악화되거나 상업화되었다고 판단하기에는 이르다며, 공주시 도시재생사업 지역을 젠트리피케이션 3단계인 상권 활성화 단계에 있다고 판단하였다.

향후 공주시가 지속적인 도시재생사업과 지역 활성화 과정에서 4단계, 5단계를 거치며 젠트리피케이션의 부정적 영향을 받지 않는다고 장담할 수는 없지만, 도시재생 이후 10년간의 지역 변화를 살펴봤을 때 젠트리피케이션의 긍정적 효과가 지역 성장을 한 단계 더 견인했다고는 설명할 수 있다.

* 심경미 외(2018). 상업적 젠트리피케이션 진단체계 연구: 근린재생형 도시재생사업을 중심으로

| 공주시 도시재생사업지역 젠트리피케이션 주요 지표 년도별 변화

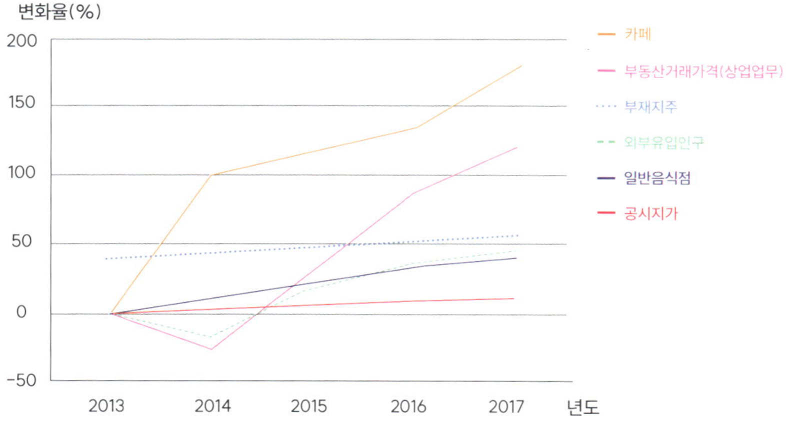

자료: 심경미 외(2018). 상업적 젠트리피케이션 진단체계 연구: 근린재생형 도시재생사업을 중심으로

도시재생에서 젠트리피케이션을 긍정적으로 보는 시각의 경우 젠트리피케이션이 지역을 활성화하는 데에 필연적인 현상이라 바라보고 있기 때문일 것이다. 동시에 젠트리피케이션의 부작용을 사전에 방지하고 지역 사회의 다양성과 포용성을 유지하며 균형 있게 발전하는 것에 노력을 기울인다면 도시재생사업 내 적정한 젠트리피케이션을 실현할 수 있다고 판단하는 것이다.

2

젠트리피케이션은 도시재생에서 반드시 경계해야 할 현상이다

❶ 좋은 젠트리피케이션은 없다

최근 백종원 더본코리아 대표가 리모델링을 기획한 예산시장이 전국적으로 '핫플레이스'가 되면서 화제를 모으고 있는 가운데 크고 작은 '역효과'가 우려되고 있다.* 백종원 대표는 자신의 유튜브 채널을 통해 예산시장이 활성화되면서 쫓겨나는 상인들의 현실을 드러냈다. 00떡집과 00통닭은 집주인으로부터 퇴거 명령을 받거나, 예산시장 주변 숙박시설 이용료는 두세 배가 급등하는 등

* 한국경제(2023.4.18). 젠트리피케이션이 뭐길래…'백종원표' 예산시장 우려 '점증'(https://plus.hankyung.com/apps/newsinside.view?aid=2023041862385, 2024년 4월 8일 검색)

짧은 시간 동안 지역에 급격한 변화를 가져왔다.

'서핑의 성지'라고 불리는 양양도 마찬가지이다. 최근 '핫플레이스'로 떠오르면서 관광객이 늘고 새로운 숙박시설이 넘쳐나기 시작했으며, 이는 치솟은 땅값과 임대료, 그리고 과잉 개발로 이어졌다. 이에 비용을 부담하지 못하고 떠나는 상인들이 생겨나기 시작했다.*

| 양양시 연도별 지가변동률

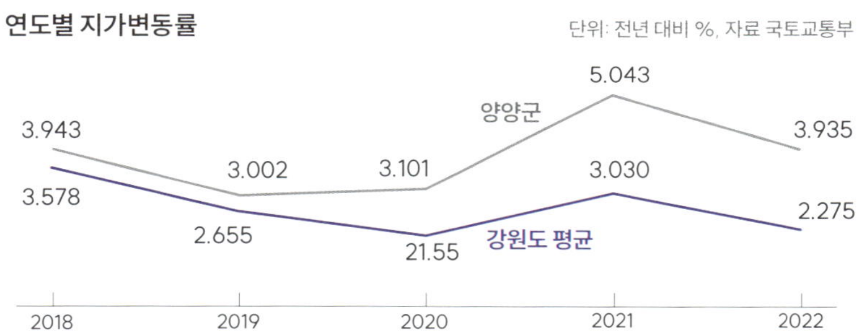

자료: 경향신문(2023.11.26). 땅값만 의기양양…젠트리피케이션에 멍든 '서핑 성지' 양양. (https://www.khan.co.kr/economy/real_estate/article/202311262151015, 2024년 4월 8일 검색)

도시재생사업 지역 또한 젠트리피케이션 이슈를 피해 갈 수 없었다. 지역공동체가 주도하여 쇠퇴한 도시를 보존하고 지역에 새

* 경향신문(2023.11.26). 땅값만 의기양양…젠트리피케이션에 멍든 '서핑 성지' 양양(https://www.khan.co.kr/economy/real_estate/article/202311262151015, 2024년 4월 8일 검색)

로운 활력을 불어넣는 도시재생사업은 지역이 활성화되고 외부 자본이 들어오면서 결국 지역주민과 임차인이 퇴출되는 젠트리피케이션 부작용을 초래하였다. 실제로 도시재생사업 성공사례로 알려진 서울 서촌과 문래동, 성수동, 대구 김광석길 등 많은 지역에서 임대료가 폭등하여 기존 주민과 상인이 내몰리고 공동체가 와해되는 문제가 나타났다.*

앞서 살펴본 심경미 외(2018) 연구에서의 젠트리피케이션 단계 모델 중 4단계, 5단계로 접어들게 되면, 도시재생을 통한 지역 활성화 과정에서 결국 긍정적인 영향보다는 부정적인 영향이 훨씬 크게 두드러진다. 젠트리피케이션이 도시재생에서 반드시 경계해야 하는 현상이라고 주장하는 사람들은 젠트리피케이션으로 인한 긍정적 효과가 있을 수 있으나, "결국 마지막은 '내몰림'이다"라는 입장일 것이다.

상업적 젠트리피케이션의 단계 모델

구분	상권의 변화	부동산 변화
4단계 (부동산 가격 급등 단계)	· 대기업 프랜차이즈 침투 및 확대 · 표준화 상점 확대 · 빈 점포 발생	· 부동산 가치 급상승 (임대료가 매출액을 초과)

* MoneyS(2017.6.14). [도시를 살려라] 재생사업의 빛과 그늘. (https://www.moneys.co.kr/article/2017060813098085758?type=1&outlink=1, 2024년 4월 10일 검색)

구분	상권의 변화	부동산 변화
지역 변화	· 대규모 자본의 투자로 부동산 가격이 급등하는 단계, 임차인의 비자발적 이주 시작 · 어느 지역에서나 볼 수 있는 표준화된 상점의 확대로 지역 특성이 약화되기 시작 · 외부인의 방문은 여전히 증가하면서 거주환경이 점차 나빠짐에 따라 원주민들의 비자발적인 이주가 증가되는 시기	
5단계 (지역 쇠퇴 단계)	· 빈 점포 확대 및 증가 · 상권의 획일화	· 부동산 가치의 지속적 상승 · 지역에 따라 임대료를 다시 낮추게 되는 시기
지역 변화	· 부동산 가격의 지속적 급등으로 임차인의 비자발적 이주가 본격화되는 단계 · 폐업한 빈 점포에 재창업이 장기간 진행되지 않고 외부 방문객이 감소하며, 미디어에 지역의 부정적인 내용이 노출되는 시기	

주) 1~3단계는 앞 장에서 설명되고 있음
자료: 심경미 외(2018). 상업적 젠트리피케이션 진단체계 연구: 근린재생형 도시재생사업을 중심으로

① 젠트리피케이션의 부정적 효과

도시재생사업에 따른 젠트리피케이션 이슈가 활발해짐에 따라 성동구를 비롯한 많은 지자체에서 젠트리피케이션 방지를 위한 대책을 마련하고 있다. 이러한 대응은 젠트리피케이션의 부정적 현상에 기인한 것으로 주로 지역이 활성화됨에 따라 급속도로 진행되는 임대료 상승, 원주민의 비자발적 이주, 지역 문화의 획일화와 정체성 상실 등의 부정적 영향이 문제로 제기되고 있다.*

* 서울시립대신문(2018.9.3). 도시에 드리운 젠트리피케이션, 선택인가 순리인가. (https://press.uos.ac.kr/news/articleView.html?idxno=11198, 2024년 4월 10일 검색)

젠트리피케이션의 가장 큰 문제는 주거비용과 상가 임대료의 급격한 상승이다. 도시재생사업을 통해 물리적인 환경이 개선되면서 외지인들이 몰려오게 되고, 외부 자본이 투입되면서 기존 주민 및 상인들의 강제 이동이 발생한다. 이러한 계층의 변화는 지역 갈등으로 나타나게 되며, 사회적 격차 및 커뮤니티 붕괴로 이어진다. 특히, 외부 자본이 들어오는 과정에서 초반에는 작은 규모로 지역이 활성화되며 문화적 다양성이 늘어나는 방향으로 나아가지만 결국 기존 상가들의 정체성이 사라지고, 고유한 지역 특성과 문화를 잃고 만다. 젠트리피케이션의 부정적 영향은 천천히 겪느냐 빨리 겪느냐의 문제이며, 이에 대한 실질적인 대응이 필요하다.

| 젠트리피케이션의 부정적 효과

주체	부정적 효과
주거비용 및 임대료 상승	· 지불 가능한 주택의 감소 · 지속가능하지 못한 부동산 가격 · 임대료 및 비용 증가에 따른 강제이주 · 지역 서비스에 대한 비용 증가 및 변화
기존 주민의 이탈	· 저소득층 지역 주변에서의 강제이주와 주택수요 압력 · 강제이주에 따른 2차적인 심리적 비용
원주민 문화의 소실	· 사회적 다양성 감소
지역 갈등	· 강제이주에 따른 2차적인 심리적 비용 · 사회적 격차 확대 · 커뮤니티의 분노와 갈등

자료: Loretta Lees, Tom Slater, and Elvin Wyly(2008), Gentrification, Routledge, p.196.
재인용 ; Rowland Atkinson and Gary Bridge, eds.(2005), Gentrification in a Global Context: the New Urban Colonialism, Routledge, p.5. 재인용 ; 심경미 외(2018), 상업적 젠트리피케이션 진단체계 연구를 참고하여 저자 재구성

❷ 젠트리피케이션으로 인한 내몰림 및 문화적 다양성 감소 관련 언론보도

젠트리피케이션과 관련된 한 기사는 홍대 상권 변화에 대해 조명하고 있다. 과거 많은 인파로 인해 번화했던 홍대 앞 상권이 최근 젠트리피케이션의 부작용으로 인해 양극화를 겪고 있다는 내용이다. 중심 상권인 걷고 싶은 거리(어울림마당로)에는 많은 사람들이 몰려 혼잡하지만, 중심을 벗어난 상권에선 무더기 공실과 소비 위축으로 상인들의 고심이 깊어지고 있다.* 이 기사에서는 홍대라는 이름에 맞게 오를 대로 오른 임대료를 홍대 상권 공실 사태의 주된 원인으로 지적하고 있다. 이는 과거 홍대 상권 발전을

> **"더는 핫플 아니죠"… 상권 양극화 홍대, 흥망성쇠 분기점**
>
> 국민일보(2024.3.24.)
>
> **대표 상권으 추락, 넘쳐나는 공실**
>
> 저마다의 개성과 독창성으로 트렌드를 선도했던 서울의 대표 상권들이 추락하고 있다. 아기자기 한 소품숍과 으류매장, 맛집들이 어우러져 핫플로 떠올랐던 일부 지역은 자영업자들이 치솟는 임대료 부담을 이기지 못해 주변으로 서서히 밀려난 것을 시작으로 상권 자체가 매력을 잃어버린 지 오래됐다.

* 국민일보(2024.3.24). "더는 핫플 아니죠"… 상권 양극화 홍대, 흥망성쇠 분기점. (https://www.kmib.co.kr/article/view.asp?arcid=0019917915&code=61141111&cp=nv, 2024년 4월 11일 검색)

주도하며 창조적 활동을 이어온 중소 상인들이 높은 임대료로 인해 외곽으로 밀려나고, 높은 임대료를 감당할 수 있는 대기업 프랜차이즈 중심의 상권이 형성됨에 따라 차별성을 잃어 나타나는 현상으로 볼 수 있을 것이다.

또 다른 기사에서는 현재 서울에서도 가장 핫한 지역 중 하나인 성수동의 젠트리피케이션 현상에 집중하고 있다. 성수동은 수제화 공방과 자동차 정비소, 봉제 공장 등이 밀집한 지역이었으나, 저렴한 임대료로 인해 수제 맥주 가게, 옷 가게, 음식점, 카페 등이 들어서며 젊은 층을 끌어들이는 핫플레이스로 부상한 것이 시작이었다.*

동시에 성수동에서 일어나고 있는 젠트리피케이션으로 인해 '성수동 갈비골목'으로 유명했던 거리에 갈빗집이 점차 사라지고 카페가 들어서고 있는 점을 언급하고 있다. 기사에서는 이러한 원인 중 하나로 높은 임대료를 지적하고 있으며, 이로 인해 성수동 일대에서 장사를 하던 소상공인들이 내몰림을 당하고 있다는 점을 지적하였다. 이러한 사례는 현재 핫플레이스로 꼽히는 성수동 전역에서 젠트리피케이션이 일어나고 있음을 단면적으로 보여주고 있다.

지나기만 해도 냄새 배던 성수동 갈비골목…
이젠 카페만 줄줄이

연합뉴스(2024.3.24)

* 연합뉴스(2024.3.24). 지나기만 해도 냄새 배던 성수동 갈비골목…이젠 카페만 줄줄이. (https://www.yna.co.kr/view/AKR20240323039800004?input=1195m, 2024년 4월 11일 검색)

> 남은 갈빗집 4곳 중 1곳도 내달 떠나 … 임대료 8년새 2.5배로
> 노포 사라지고 갈비골목 300m 반경에 카페 100여곳 들어서
> '팝업 성지' 성수동마저 젠트리피케이션… 토박이 주민 시름

❸ 도시재생사업과 그 이후 급진적 변화 : 젠트리피케이션 방지법의 허점

서울 문래동은 2000년대 초 예술가들이 저렴한 임대료를 찾아 모여들면서 자생적으로 만들어진 '문래창작촌'이 공존하고 있다. 오밀조밀한 골목길과 낡은 건물, 예술·문화가 섞여 독특한 지역 환경이 조성된 문래동이 많은 사람들에게 알려지기 시작하였다.* 문래동은 2016년 서울시 도시재생사업지로 선정되었다. 이후 낡은 건물들이 새로운 주인에게 팔리고, 임대료는 급격히 상승하기 시작하였다. 이에 저렴한 임대료를 찾아 모였던 예술가들은 버티지 못하고 하나둘씩 떠나가는 젠트리피케이션의 영향을 피하지 못했다.

> 문래동에서 활동하는 김 작가는 "도시재생사업지로 선정된 이후 문래동의 임대료가 많이 올랐다"며 "갈등을 만들어 세입자를 쫓아내는 방식으

* 경향신문(2019.1.1). "한번에 쫓아내면 '재개발', 한명씩 쫓아내면 '도시재생'"…"박원순 시장님, 도시재생이 뭔가요?" (https://www.khan.co.kr/national/national-general/article/201901011849001, 2024년 04월 12일 검색)

로 최근 문래창작촌을 떠나는 예술가가 많다"고 했다. 김 작가는 '숲은 살아있다-쫓겨나는 이웃, 사라지는 마을 멈춰! 젠트리피케이션'이라는 전시회를 열고 예술가들이 쫓겨나는 상황을 비판하고 있다.

- 경향신문(2019.1.1) 인터뷰 -

이러한 문제는 문래동에서 그치지 않고 해방촌, 독산동, 성수동 등 수도권 지역뿐만 아니라 지방도시에서도 끊임없이 이어져 왔다.

물론, 젠트리피케이션 부작용 예방 및 관리를 위한 다양한 정책 및 지원이 정부와 지자체 차원에서 추진되고 있기는 하다. 최근 성동구는 젠트리피케이션 방지 상가임대차법 등 3개 법(「상가건물 임대차보호법」, 「지역상권법」, 「부동산거래신고 등에 관한 법률」) 개정의 필요성을 촉구하였다.* 여전히 젠트리피케이션 방지를 위한 법에 허점이 존재한다는 것이었다. 뉴시스(2023.11.2) 기사에 따르면 정원오 성동구 구청장은 "지방정부 차원에서 젠트리피케이션 방지 정책을 펼쳐왔지만, 아직 젠트리피케이션을 완전히 막기에는 제도적 허점이 많다"며, "특히 영세상인만을 보호해야 한다는 취지로 만들어진 환산보증금 기준 제도는 오히려 임대인의 과도한 임대료 인상을 부추겨 젠트리피케이션을 발생시키는 주요 원인으로 꼽히는 만큼 반드시 폐지돼야 한다고 강조했다"는 기사가 보도되기도 하였다.

---

* 뉴시스(2023.11.2). 정원오 성동구청장 "젠트리피케이션 방지법 허점 많아…개정 필요" (https://www.newsis.com/view/?id=NISX20231102_0002507053, 2024년 4월 12일 검색)

젠트리피케이션의 득과 실

젠트리피케이션과 도시재생을 바라보는 두가지 시각. 첫번째,

“젠트리피케이션은 도시재생에서 용인 가능한 자연스러운 현상이다.”

젠트리피케이션은 도시재생사업 과정에서 일어나는 자연스러운 현상일 수 밖에 없다. 도시재생사업을 하면서 주거용도가 상업용도로 전환되며 쇠퇴한 상권이 활성화되고, 지역이 점점 더 매력적으로 변화하며 사람들을 모으기 시작한다. 이때 관광객, 매출, 임대료 등이 증가하기 시작하지만, 지나친 상업화나 대규모 자본을 경계하고 부동산 가격의 급등에 대비하기 위한 노력을 통해 부정적 젠트리피케이션을 막을 수 있다. 젠트리피케이션에 대해 부정적인 영향보다는 긍정적인 효과가 더 크며, 이를 통해 지역 활성화가 가능하다는 주장이다.

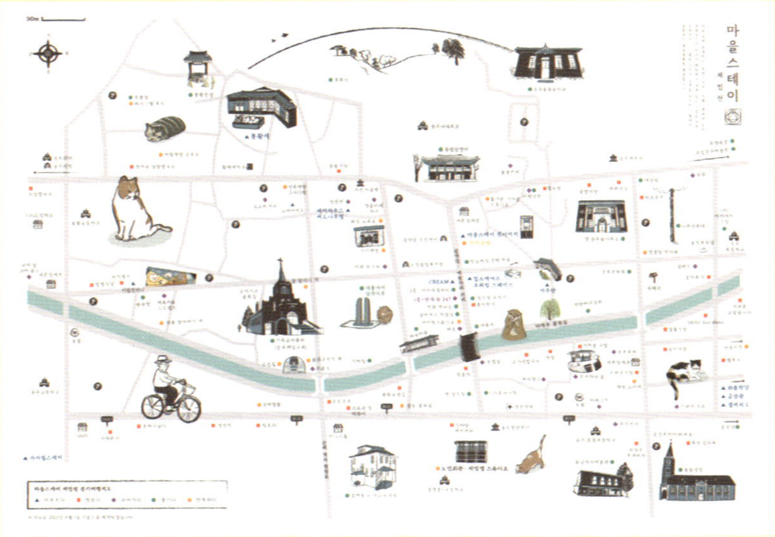

자료: 마을스테이 제민천 홈페이지(https://town-stay.com, 2024년 7월 11일 검색)

젠트리피케이션과 도시재생을 바라보는 두가지 시각. 두번째,

“ 젠트리피케이션은 도시재생에서 반드시 경계해야 할 현상이다. ”

반면, 젠트리피케이션의 부정적 영향에 더 집중하는 사람들도 있다. 좋은 젠트리피케이션은 없다는 입장으로, 젠트리피케이션이 결국 임대료 상승과 소상공인 내몰림을 가져온다고 주장한다. 홍대만 해도 2023년 1분기에 1평당 환산임대료 19만553원으로 정점을 찍으며, 공실이 늘어나는 추세이다.(아래 사진과 그래프 참고) 도시재생 초기에는 지역 활성화를 위해 상권을 변화시키지만, 변화된 상권은 작은 상가들의 상생이 아닌 대규모 프랜차이즈화되며, 지역은 정체성을 잃고 문화를 잃게 된다. 젠트리피케이션의 이면은 존재하며 경계하고 대응해야 한다는 것이다.

자료: 국민일보(2024.3.25.). “더는 핫플 아니죠”… 상권 양극화 홍대, 흥망성쇠 분기점(https://www.kmib.co.kr/article/view.asp?arcid=0019917915&code=61141111&cp=nv, 2024년 7월 12일 검색) (위) 홍대 상권 내 ‘공실 상가’ 일부(아래) 합정·망원·홍대를 아우르는 ‘마포구 서교동’의 임대료 추이. 서울시 상권분석서비스 제공(2024년 7월 11일 검색)

3

젠트리피케이션은 양날의 검 : 모니터링의 중요성, 발생 단계별 조치

해미트(Hammett(2003))는 젠트리피케이션이 도시에 긍정적인 영향과 부정적인 영향을 동시에 갖는다고 주장하며, '양날의 칼'이라는 표현을 사용하였다(심경미 외, 2018). 도시재생에서 젠트리피케이션은 자연스러운 현상이자 부정적 영향에 대해 경계해야 할 대상이기도 하다.

젠트리피케이션의 긍정적 효과를 최대화하고, 부정적 영향을 최소화하기 위해서는 첫째, 젠트리피케이션 인식에 대한 재정립이 필요하다. 현재 젠트리피케이션이라는 용어는 부정적으로 인식되는 경우가 많으나 이는 중립적 개념으로 재인식화하는 과정이 필요하다. 흑백 논리에서 벗어나 젠트리피케이션의 의미와 구조적 다양성을 이해해야 하며, 이를 통해 지역 사회의 경제적 활성화, 주거환경의 개선, 문화적 다양성의 증진 등 긍정적인 측면을 조명할 필요가 있다.

둘째, 젠트리피케이션 기준 등의 지표 개발이 필요하다. 젠트리피케이션이 지역에 긍정적 효과를 가져왔는지 부정적 영향 단계로 들어섰는지에 대해 진단하고, 대응 방안을 모색하기 위해서는 진단 기준 및 지표 개발이 우선되어야 한다.

셋째, 젠트리피케이션 단계별 진행 양상 모니터링 및 단계별 대응 방안을 고려해야 한다. 지역 활성화 과정에서 진행되는 젠트리피케이션의 단계를 파악하고 단계별로 모니터링하는 것이 중요하다. 이를 통해 지역의 급진적 변화 및 내몰림을 최소화하고 상생할 수 있는 방안에 대한 지속적인 고민이 필요하다.

참고문헌

단행본 및 논문

국토교통부. 2018. 내 삶을 바꾸는 도시재생 뉴딜 로드맵

심경미, 이상민, 차주영. 2018. 상업적 젠트리피케이션 진단체계 연구: 근린재생형 도시재생사업을 중심으로, 세종: 건축공간연구원

이진희, 이동현. 2022. 젠트리피케이션의 범죄 감소 효과, 세종: 국토연구원

이종환. 2019.11. 오래 볼수록 더 사랑스러운 공주 도시재생 이야기. 월간국토 제457호. 세종: 국토연구원

최종석, 최현재, 정철현. 2018. 서울시 젠트리피케이션에 관한 시론적 연구,「지방정부연구」제22권 제2호(2018년 여름): 341-360

Loretta Lees, Tom Slater, and Elvin Wyly. 2008. Gentrification, Routledge

Rowland Atkinson and Gary Bridge, eds. 2005. Gentrification in a Global Context: the New Urban Colonialism, Routledge

법령

「도시재생 활성화 및 지원에 관한 특별법」

「부동산거래신고 등에 관한 법률」
「상가건물 임대차보호법」
「서울특별시 성동구 지역공동체 상호협력 및 지속가능발전구역 지정에 관한 조례」
「지역상권법」

언론보도

국민일보. 2024.3.24. "더는 핫플 아니죠"… 상권 양극화 홍대, 흥망성쇠 분기점. (https://www.kmib.co.kr/article/view.asp?arcid=0019917915&code=61141111&cp=nv, 2024년 4월 11일 검색)

경향신문. 2019.1.1. "한번에 쫓아내면 '재개발', 한명씩 쫓아내면 '도시재생'"…"박원순 시장님, 도시재생이 뭔가요?". (https://www.khan.co.kr/national/national-general/article/201901011849001, 2024년 04월 12일 검색)

경향신문. 2023.11.26. 땅값만 의기양양…젠트리피케이션에 멍든 '서핑 성지' 양양. (https://www.khan.co.kr/economy/real_estate/article/202311262151015, 2024년 4월 8일 검색)

뉴시스. 2023.11.2. 정원오 성동구청장 "젠트리피케이션 방지법 허점 많아…개정 필요". (https://www.newsis.com/view/?id=NISX20231102_0002507053, 2024년 4월 12일 검색)

서울시립대신문. 2018.9.3. 도시에 드리운 젠트리피케이션, 선택인가 순리인가. (https://press.uos.ac.kr/news/articleView.html?idxno=11198, 2024년 4월 10일 검색)

시사바로타임즈. 2015.11.24. 서울시, 홍대, 해방촌등 '젠트리피케이션'

막는다. (http://www.sisabarotimes.com/news/view.php?idx=2291, 2024년 4월 30일 검색)

아시아경제. 2024.3.19. 성동안심상가 입주업체 만족도 94.4%. (https://view.asiae.co.kr/article/2024031906482285119, 2024년 4월 8일 검색)

이코노믹리뷰. 2015.6.25. [도시재생의 마법-젠트리피케이션] 舊도심의 반란, 한국식 젠트리피케이션. (https://www.econovill.com/news/articleView.html?idxno=250171, 2024년 4월 8일 검색)

연합뉴스. 2024.3.24. 지나기만 해도 냄새 배던 성수동 갈비골목…이젠 카페만 줄줄이. (https://www.yna.co.kr/view/AKR20240323039800004?input=1195m, 2024년 4월 11일 검색)

충남일보. 2021.7.19. 공주시, '도시재생사업' 벤치마킹 잇따라. (https://www.chungnamilbo.co.kr/news/articleView.html?idxno=613651, 2024년 4월 8일 검색)

한국경제. 2023.4.18. 젠트리피케이션이 뭐길래…'백종원표' 예산시장 우려 '점증'. (https://plus.hankyung.com/apps/newsinside.view?aid=2023041862385, 2024년 4월 8일 검색)

인터넷 자료

국립국어원 홈페이지. (https://opendict.korean.go.kr/dictionary/view?sense_no=1201250&viewType=confirm, 2024년 4월 3일 검색)

네이버 지식백과. (https://terms.naver.com/entry.naver?docId=3344365&cid=40942&categoryId=31637, 2024년 4월 2일 검색)

범정부 데이터 분석시스템. '젠트리피케이션' 키워드 분석. (https://www.insight.go.kr/admTmAnals/admTmAnalsKw/selectAdmTmAnalsKwList.do, 2024년 4월

3일 검색)

서울시립대신문. 2018.9.3. 도시에 드리운 젠트리피케이션, 선택인가 순리인가. (https://press.uos.ac.kr/news/articleView.html?idxno=11198, 2024년 4월 10일 검색)

성동구 공고 제2023-1419호. 2023.9.27. 성동안심상가 입주자 모집 공고

성동구 홈페이지. 분야별 정보-도시경제-젠트리피케이션. (https://www.sd.go.kr/main/contents.do?key=1708&, 2024년 4월 9일 검색)

05

주민주도 도시재생사업의 오해와 진실

임상연

주민 참여와 주민주도의 의미

과거 도시정비와 비교할 때 도시재생은 지역의 자력기반 확보 및 지역활성화를 고려한다는 측면에서 지역주도적 사업 추진을 기본적인 방향으로 설정하여 사업 거버넌스 기반 마련을 강조한다는 특징이 있다. 따라서 2013년 제정된 「도시재생 활성화 및 지원에 관한 특별법」(이하, 도시재생법)에서는 도시재생사업 추진을 위한 지역 추진주체로서 도시재생 전담조직, 도시재생지원센터의 설치를 권고하고 있다. 또한 사업 추진과정에서 주민주체로서 주민협의체라는 주민협력조직, 마을관리 사회적협동조합이라는 주민사업조직을 구성하여 지역주도 사업 추진 기반을 마련하였다.

이 과정에서 주민참여형 도시재생에 기반을 둔 주민협의체는 주민들 간의 갈등 조정 및 의견수렴 과정, 지속가능한 도시재생사업이 유지될 수 있도록 다양한 사업에 참여하는 성과를 거두었으며, 전국적으로 200여 개소의 마을관리 사회적협동조합이 신설되었다. 그러나 지역주도 거버넌스 기반의 구축이라는 성과의 이면에는 주민협의체의 역할, 마을관리 사회적협동조합의 지속성 및 사업성에 대한 비판도 거센 것이 사실이다. 따라서 본고에서는 도시재생사업에서 주민참여와 주민주도의 의미를 되짚어 보고 도시재생사업의 성공적인 추진과 지역을 위하여 주민주도의 조직은 어떠한 방향으로 나아가야 할지를 함께 생각해 보고자 한다.

1

주민협의체는 마을관리 사회적협동조합으로 발전해야 한다

❶ 그동안의 사업 추진현황을 통해 확인할 수 있는 사실

도시재생사업에서 주민참여의 의미

도시재생이란 쇠퇴한 지역을 물리적·경제적·사회문화적으로 개선하여 정주환경을 개선하고 새로운 경제활력을 일으키며 지역의 공동체를 되살리는 종합적인 도시활성화사업이라고 할 수 있다. 도시재생사업이 기존 도시 재개발 및 재정비 사업과 차별화되는 부분은 「도시재생법」상 정의*에서 다루는 바와 같이 "지역역량

* '도시재생'이란 인구의 감소, 산업구조의 변화, 도시의 무분별한 확장, 주거환경의 노후화 등으로 쇠퇴하는 도시를 지역역량의 강화, 새로운 기능의 도입·창출 및 지역자원의 활용을 통하여 경제적·사회적·물리적·환경적으로 활성화시키는 것을 의미한다(「도시재생법」 제2조 정의).

의 강화, 새로운 기능의 도입·창출 및 지역자원의 활용" 등의 방식을 중심으로 사업이 이루어진다는 점일 것이다.

2024년 4월 현재, 전국적으로 560곳의 도시재생 사업지가 선정되어 사업이 추진 중에 있으며,* 60여 개**의 도시재생사업에 대한 국비지원이 종료되어 운영관리단계에 접어들었다. 이와 같이 우리나라의 도시재생사업은 지난 10년간 계획수립·선정-사업추진-운영관리라는 사이클의 순환이 이루어지려는 시점에 도달하였다. 그 과정에서 지역사회에서는 도시재생사업을 바탕으로 행정, 중간지원조직, 주민조직, 사회적경제조직을 위시한 다양한 지역사회조직들이 역량을 강화하며 함께 성장해 왔다. 짧은 기간에 전국적으로 많은 수의 도시재생사업이 동시다발적으로 추진되다 보니 추진주체의 양적 확대라는 성과와 함께, 국비지원 종료 이후 지역이 주체가 되는 도시재생사업 추진·운영관리 방식과 체계 정비에 대해 치열하게 고민해 왔다고 생각된다.

이러한 측면에서 도시재생에서 주민참여의 의미가 무엇인지 기존 도시정비와 도시재생의 비교를 통해 다시 한번 되짚어 볼 필요가 있다. 과거 도시정비와 비교하여 도시재생은 주체, 대상, 방식 측면에서 지역공동체에 대한 고려, 자력기반이 없는 지역에 대한 공공지원 강화, 사회·문화적 측면에 대한 종합적인 고려 등을 기본방향으로 한다는 점에서 확연한 차이가 있다. 특히 도시재생

---

* 도시재생종합정보체계 (https://www.city.go.kr/index.do, 2024년 3월 31일 검색)

** 2023년 12월 기준 국비지원 종료 사업 수 기준임

| 과거 도시정비와 도시재생 비교

과거 도시정비		도시재생
토지, 건물 소유자 중심 -개발이익에 관심	주체 →	거주자 중심의 지역공동체 -자력기반 확보 및 지역활성화 관심
수익성 있는 노후 지역 -역세권, 한강조망 등	대상 →	자력기반이 없어 공공지원이 필요한 쇠토지역 -단독 다세대 중심 저층 주거지
일률적인 물리적 환경 정비 -아파트, 주변 도로포장	방식 →	종합적 기능개선 및 활성화 -사회, 경제, 문화 물리환경 등

자료: 도시재생종합정보체계

은 지역의 자력기반 확보 및 지역활성화를 고려한다는 측면에서 지역주도적 사업 추진을 기본적인 방향으로 설정하여 사업 거버넌스 기반 마련을 강조한다는 특징이 있다. 이러한 방향성은 2012년 국회에서 도시재생 활성화 관련 4개 법안(양승조, 박주선, 서병수, 안민석 의원 대표발의)이 발의되고 2013년 6월 「도시재생 활성화 및 지원에 관한 특별법」이 제정됨에 따라 법제도적인 기반 마련과 함께 구체화되었다.

법제도화를 통한 지역주도 도시재생 기반 마련

2013년 제정된 「도시재생법」에서는 도시재생사업 추진을 위한 지역추진주체로서 도시재생 전담조직(행정), 도시재생지원센터(중간지원조직)의 설치를 권고하였다(「도시재생법」 제9조, 제10조). 이에 2014년부터 2016년에 선정된 46개 도시재생사업 지역에서는 지역 여건에 따라 유연하게 조직을 설립·운영하였다. 당시는 도시재생사업을 본격적으로 추진하기에 앞서 지역사회에서 도시재생사업 추진을 위한 거버넌스 기반을 구축하는 시범적인 단계라고 볼 수 있다. 이후 도시재생사업 추진주체에 대한 제도가 강화된 시점은 2017년 도시재생 뉴딜사업이 추진되면서부터이다. 문재인 정부는 5년간 전국적으로 500여 곳의 도시재생 뉴딜사업을 속도감 있게 추진하기 위하여 정부 방침 등을 통하여 사업 추진주체의 구성 및 운영을 의무화하기 시작하였다. 2022년 윤석열 정부부터는 지역 추진주체의 구성 및 운영 의무화 기준을 대폭 완화하여 지자체의 자율성을 강화하였다.

도시재생사업을 추진하는 지자체는 국토교통부의 '도시재생사업 활성화계획 수립 가이드라인'에 의거하여 (1) 도시재생 전담조직(도시재생추진단), 도시재생행정협의회, (2) 도시재생지원센터, (3) 사업단위 주민·상인협의체, 지역단위 도시재생추진협의회 등을 여건에 따라 구성하도록 권고하고 있다. 도시재생 전담조직은 도시재생사업을 추진하기 위한 지자체 차원의 조직으로, 도시재생 전담조직은 지자체의 ① 도시재생 전담 부서·조직 자체, ② 도시재생추진단은 지자체 내 유관부서가 참여하는 T/F 조직, ③ 도시재생행정협의회는 지자체와 유관기관 간의 업무 협의기구를 의미한다.

두 번째는 도시재생지원센터를 중심으로 한 현장 거버넌스 기반의 강화이다. 도시재생지원센터는 해당 지자체의 도시재생정책 및 사업 전반에 대한 지원기능을 수행하는 조직(「도시재생법」 제11조)으로, 도시재생사업의 효과적인 추진을 위하여 사업을 추진하는 지자체에서는 반드시 현장지원센터를 설치·운영해야 한다. 이 밖에도 도시재생지원센터는 지역 내 다양한 주민서비스의 통합플랫폼 역할을 하며 중간지원조직 간 협력과 연계를 권장한다. 2024년 현재, 전국적으로 432개소의 도시재생지원센터가 운영 중이다.* 광역·기초 도시재생지원센터가 현장지원센터의 역할을 병행

도시재생 관련 조직 거버넌스 예시

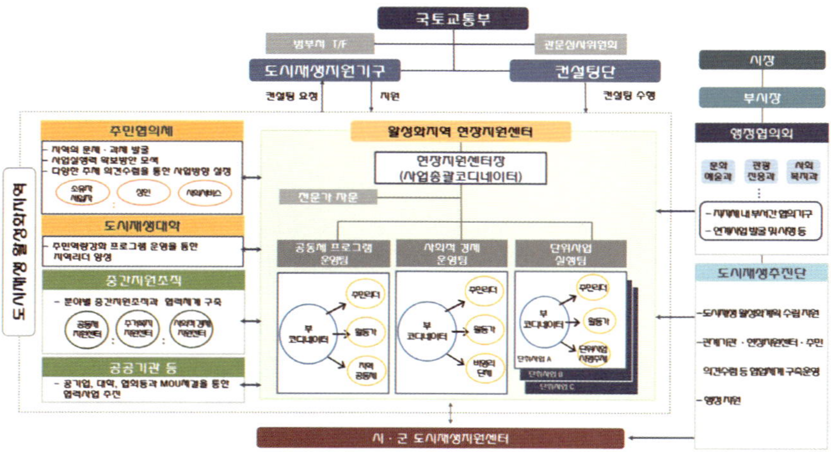

자료: 국토교통부, 2019, 도시재생 뉴딜사업 중심시가지형·일반근린형 활성화계획 수립 및 사업 시행 가이드라인, 5

---

* 도시재생종합정보체계.

하는 지자체까지 포함할 경우, 도시재생사업을 추진하는 모든 사업지역에는 도시재생지원센터가 운영 중이라고 할 수 있다.

세 번째는 주민협의체의 구성 및 운영의 의무화이다. ① 도시재생 활성화지역(뉴딜사업 지역) 내의 토지·건물 소유자, 세입자, 상인 등 다양한 이해당사자들이 참여할 수 있도록 '사업단위' 주민·상인협의체를 필수적으로 구성해야 하며, ② 필요시에는 사업지역 내 임대인과 임차인 대표, 주거·상인분야 협의체 대표, 현장지원센터, 도시재생추진단 담당자, 전문가 등을 구성원으로 '젠트리피케이션 방지 민관 협의체'를 구성할 수 있다. ③ '지역단위' 도시재생추진협의회(운영위원회 등)는 뉴딜사업 초기단계부터 다양한 참여주체가 협력적 거버넌스를 구축할 수 있는 여건을 마련하기 위하여 도시재생 현장지원센터, 전담조직, 주민·상인협의체, 중간지원조직 및 사업 시행주체 등과 함께 필수적으로 구성을 해야 한다. 2024년 현재, 도시재생사업을 추진 중인 사업지들은 도시재생 활성화(실행)계획 수립 이전 단계부터 의무적으로 주민협의체를 구성하여 정기 운영 중이다. 주민협의체 구성 및 실질적인 운영 현황은 도시재생 뉴딜사업 신청 시 중요한 평가항목 및 기준이 되기 때문에 지속가능하고 실효성 있는 주민협의체 구성과 운영이 사업 전 과정에서 모니터링되고 있다.

주민주도의 기반인 주민협의체의 의미와 역할

앞서 언급한 도시재생 지역주체 중 지역주민을 대표하는 조직은 주민협의체로서, 주민주도 도시재생의 핵심적인 역할을 담당한다고 할 수 있다. 주민협의체는 도시재생사업의 기획단계, 사업 추진단계에서 지역주민들을 대표하여 지역수요 제안, 협의, 갈등 해결 등의 역할부터 주민공모사업 참여, 도시재생대학 교육이수 등을 통한 역량강화 과정을 바탕으로 추후 마을관리 및 다양한 지역사업들에서 주도적인 역할을 담당할 수 있다. 요컨대 주민협의체는 지역주민을 대표할 수 있는 주민조직으로서 주민협의체를 구성하여 지역주민이 간접적으로 참여하는 구조이다.

선행연구들에서는 도시재생이 성공적으로 추진되기 위해서는 주민협의체가 갖추어야 할 조건에 대하여 언급하고 있다. 한연오·박태원(2019)은 주민협의체가 기존의 수직적 의사결정구조, 피상적·형식적 의사결정구조에서 탈피하여 수평적인 의사결정 구조를 지향해야 하며, 주민협의체에서 논의된 사항들이 실질적인 의견수렴을 통하여 사업 실현에 구현되어야 한다고 주장하였다(한연오·박태원 2019, 47-64).

김하윤·박태원(2021) 역시 주민협의체는 대표성, 고유성, 개방성이 갖추어져야 지속가능하다고 주장하고 있다. 주민협의체는 스스로의 존재가치를 증명하기 위하여 주민공동체 및 지역활성화와 같은 고유한 목적의 대표성을 근거로 설립하여야 한다. 주민조직이 설립 당시 대표성을 획득하더라도 사업 추진과정에서 유연하게 대응해야지, 경직적으로 운영된다면 다양한 주민들의 의견을 받아들이기 어려울 것이다. 따라서 원활한 의사소통과 네트워크 구축을 통한 공감대 형성이 매우 중요하다고 할 수 있다. 그리고 그 과정에서 발생하는 갈등과 혼란을 해결하기 위해서는 앞서 언급한 대표성과 고유성도 지속적으로 유지되어야 한다. 요컨대 개방성을 가지면서도 본연의 색을 잃지 않는 노력과 함께 주민협의체가 구성되고 그 기능과 역할을 담당하는 과정은 하나의 지역에서 대표기구를 가지고 지역을 위한 대표성을 공고하게 하는 것이며, 또한 민주적인 의사결정체계를 갖추는 것이다(김하윤·박태원 2021, 8-9).

이러한 요건들이 적절히 갖추어졌다는 전제하에 주민참여형 도시재생에 기반을 둔 주민협의체는 주민들 간의 갈등 조정 및 의견수렴 과정, 지속가능한 도시재생사업이 유지될 수 있도록 다양한 사업에 참여하게 된다.

주민협의체는 ① 활성화지역(뉴딜사업 지역) 내의 토지·건물 소유자, 세입자, 상인 등 다양한 이해당사자들이 참여할 수 있도록 '사업단위' 주민·상인협의체를 필수적으로 구성해야 하며, ② 필요시에는 사업지역 내 임대인과 임차인 대표, 주거·상인 분야 협의체 대표, 현장지원센터, 도시재생추진단 담당자, 전문가 등을 구성원으로 '젠트리피케이션 방지 민관 협의체'를 구성할 수 있다. 요컨대, 주민협의체는 도시재생사업이 추진되는 지역주민 중 가장 대표성이 있는 집단으로서 도시재생사업에 대한 지속적인 이해도와 참여의식을 가지고 사업에 참여하여 마을관리 사회적협동조합의 구성원으로까지 참여하게 된다는 의미이다.

그러나 주민과 주민협의체 구성원들이 도시재생의 의미와 주민주도의 의미를 명확하게 인식하지 못하거나 주민협의체 구성원들이 주민들을 대표하지 못할 경우 정부의 사업운영과 다양한 갈등이 유발되기도 한다(조민경·장교식 2022, 298-329). 또한 주민협의체가 마을관리 사회적협동조합 등으로 조직화되어 사업을 추진하는 과정에서 다양한 문제들이 발생하기도 한다. 따라서 주민협의체를 통하여 설립되는 마을관리 사회적협동조합의 취지와 현황을 이어서 살펴볼 필요가 있다.

주민주체 육성 지원과 마을관리 사회적협동조합의 태동

앞서 언급한 바와 같이 국토교통부는 도시재생 뉴딜사업 선정 시 전담조직 구성 여부, 전담인력 구성 여부, 도시재생 현장지원센터 구성 및 운영 여부, 주민협의체의 구성과 운영 여부 등 지역주체의 거버넌스 기반 구축과 운영, 역량 강화 활동 과정을 도시재생사업 선정 평가, 실현가능성 및 타당성 평가, 연차별 추진실적 평가 등의 평가항목에 포함시킴으로써 안정적인 사업 추진을 도모하고자 하였다.

한편 도시재생대학 확충, 청년인턴십, 도시재생 거점대학 지정 및 운영 등을 통하여 지역주민, 청년 등이 도시재생에 대한 전문성을 제고하고 역량을 강화할 수 있는 기회가 확대되었다. 그 결과, 현장 단위에서 도시재생사업의 실행력을 제고하고 현장 전문가들이 다수 양성되는 성과를 거두었다. 특히 주민을 대표하는 주민협의체는 도시재생사업을 추진하는 과정에서 마을관리 사회적협동조합으로 조직화되는 구조를 취하고 있다.

| 마을관리 사회적협동조합 육성 절차

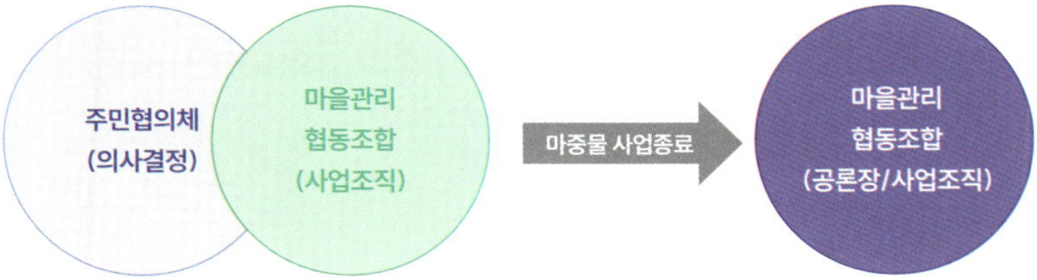

자료: 국토교통부, 한국사회적기업진흥원, 2021b, 도시재생 마을관리 사회적협동조합 육성 및 공공지원 가이드라인(온라인 설명회 자료, 2021.6)

주민협의체와 마을관리 사회적협동조합은 도시재생지역에서 자발적인 주민조직, 지역사회 활성화 도모라는 공통점이 있지만 조직의 성격과 역할에서 분명한 차이가 있다. 주민협의체는 "마중물사업 기간"으로 운영기간이 한정되며, 도시재생 계획수립 및 사업 시행과정에 참여하여 적극적으로 의견을 제시하고 개진하는 의사결정조직이다. 이에 반해 마을관리 사회적협동조합은 일반적으로 "마중물사업 종료 후"에 운영이 이루어지며, 도시재생 기초생활인프라 운영관리 및 물리적 주거환경 개선을 추진할 주민사업체, 주민협의체를 대신하여 지역사회 발전을 위한 지속적인 논의구조의 장 역할을 수행한다(국토교통부·한국사회적기업진흥원 2021b, 7).

| 주민협의체와 마을관리 사회적협동조합 비교

구분	마을관리 사회적협동조합	주민협의체
조직 형태	법인(사회적협동조합)	주민조직(법적 형태 없음)
관련 근거	협동조합 기본법 및 마을관리 사회적협동조합 육성 및 공공지원 가이드라인	도시재생법 및 각 지자체 조례
구성 시기	도시재생사업 실행 단계	도시재생계획 수립 단계 (마중물사업 단계)
구성원	주민, 전문가, 사회적경제기업 등	주민
참여 방식	① 출자금 납부를 통한 |조합원 참여 ② 재화·서비스 구매를 통한 소비자 참여	(수시) 가입신청서 제출
주요 역할	재화·서비스 생산 및 구매	지역의제 발굴, 계획 수립 참여 등
주요 특성	'주민 사업조직' 사업을 통한 지역사회 기여 등	'주민 협력조직' 의견수렴, 갈등 조정 등의 역할

자료: 국토교통부·한국사회적기업진흥원, 2021a, 마을관리 사회적협동조합 설립지원 가이드북, p.10

현재 우리나라의 도시재생사업 추진 체계상에서는 도시재생사업 추진과정에서 구성되는 주민협의체가 다양한 활동을 통하여 역량을 강화하여 조직화하고 마을관리 사회적협동조합으로서 국토교통부의 인증을 받아 사업 이후 지역 거점시설의 운영관리 및 사회적 서비스의 공급 주체로서 기능하도록 역할이 설정되어 있다.

국토교통부·한국사회적기업진흥원(2022)에 따르면, 마을관리 사회적협동조합이란 지역주민들로 구성된 사회적협동조합으로, 도시재생으로 조성된 공영주차장, 공동이용시설, 복합문화공간 등 기초생활인프라를 운영관리하며, 이러한 인프라를 기반으로 지역사회에 필요한 재화 및 서비스를 제공하는 사업체이자 주민 결사체이다. 또한 마을관리 사회적협동조합은 도시재생사업을 통해 조성된 거점시설 등 기초생활인프라의 운영·관리 및 활성화를 위한 사업조직이자, 도시재생사업 종료 후에 주민협의체를 대신해 지역사회를 유지·관리하기 위한 주민들의 소통의 장이다. 또한 지역의 대표법인으로서 지역사회의 기능 유지를 위한 전반적인 역할을 수행하는 플랫폼으로서 역할을 하게 된다.

'마을관리 사회적협동조합 정관의 작성 예시(2022)'에 따르면, 정관 제1조(설립과 명칭)는 마을관리 사회적협동조합(이하, '마을조합')의 설립 근거와 명칭에 대해 규정하고 있다. 마을조합의 설립 근거는 일반 협동조합 및 사회적 협동조합과 마찬가지로 '협동조합기본법'으로 해당 법령에 의해 세부 사항을 규정한다. 일반적으로 사회적협동조합을 포함한 모든 협동조합의 명칭은 사업분야와 내용, 사업구역, 조합원의 구성 등을 고려하여 자율적으로 선정할 수 있으나, 마을조합의 특수성을 반영하기 위하여 위와 같이 도시재생사업명을 명칭으로 하는 것을 권장하고 있다는 차이점이 있다(국토교통부·한국사회적기업진흥원, 2022).

| 마을관리 사회적협동조합과 기존 협동조합 비교

구분	주요 내용
협동조합	• 공동으로 소유되고 민주적으로 운영되는 사업체를 통하여 공통의 경제적·사회적·문화적 필요와 욕구를 충족시키고자 하는 사람들이 자발적으로 결성한 자율적인 조직(국제협동조합연맹) – 재화 또는 용역의 구매·생산·판매·제공 등을 협동으로 영위함으로써 조합원의 권익을 향상하고 지역사회에 공헌하고자 하는 사업조직(협동조합기본법 제2조 제1호)
사회적 협동조합	• 협동조합 중 지역주민들의 권익·복리 증진과 관련된 사업을 수행하거나 취약계층에게 사회서비스 또는 일자리를 제공하는 등 영리를 목적으로 하지 아니하는 협동조합(협동조합기본법 제2조 제3호)
마을관리 사회적 협동조합	• 지역주민들로 구성된 사회적협동조합으로, 도시재생사업으로 조성된 공영주차장, 공동이용시설, 복합문화공간 등 기초생활인프라를 운영관리하며, 이러한 인프라를 기반으로 지역사회 필요한 재화 및 서비스를 제공하는 사업체이자 주민결사체

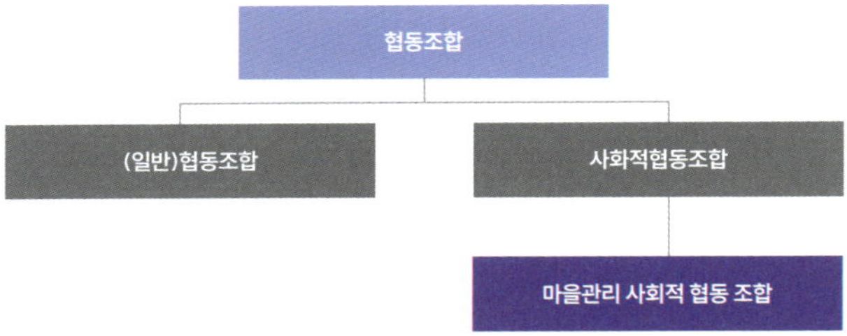

자료: 국토교통부·한국사회적기업진흥원, 2022, 마을관리 사회적협동조합 A부터 Z까지(정관의 이해편)

마을관리 사회적협동조합은 2012년 「협동조합 기본법(이하 협동조합법)」이 시행된 이후 영리적 이익을 추구하는 일반 협동조합이 아닌 「협동조합법」의 비영리 사회적 협동조합의 성격을 강하게 반영하고 있다. 이는 기존 도시재생의 주민참여가 주로 임의조직의 형태를 이루어 그 지속성을 담보하기 어렵다는 한계가 있었기 때문에, 이에 대한 대안으로 해당 지역의 주민이 직접 참여하고 책임감을 느낄 수 있는 자주조직으로 사회적 협동조합을 만들도록 한 것이다.

설립 절차에 있어서도 일반 협동조합과는 차별성을 갖는다. 일반 협동조합의 경우 시도지사에 대한 설립신고를 통해 설립이 진행되고, 사회적 협동조합의 경우 기획재정부의 인가를 받아 설립된다. 하지만 마을관리 사회적협동조합의 경우 중앙행정기관인 국토교통부의 인가에 의해 설립되며 설립 이후의 과정에서도 5대 서비스 사업에 대한 공공지원을 산업통상자원부, 지자체, 한국토지주택공사, 대한주거관리사협회 등 유관기관과의 협업이 이루어져야 한다. 또한 성장에 걸림돌이 될 수 있는 예산 및 회계 관리 등의 문제를 지역 기반 금융기관인 신협, 새마을금고와 함께하여 도움을 받을 수 있으며 이를 통해 안정적인 운영에 대한 실현 가능성을 높이고 있다.

2018년 국토교통부는 마을관리 사회적협동조합을 본격 육성하기 위하여 산업부, 에너지공단 등 유관기관과 협업하여 저층 주거민 희망 5대 서비스인 ①주택관리서비스, ②집수리서비스, ③사회적 주택, ④ 에너지 자립, ⑤마을상점을 사업화하도록 지원하고, 지자체는 뉴딜사업비로 조합 초기운영비를 지원하도록 하였으며, 한국사회적기업진흥원을 마을관리 사회적협동조합 전담 도시재생지원기구로 지정하여 협동조합을 설립 지원하였다.

| 마을관리 협동조합 개념도(예시)

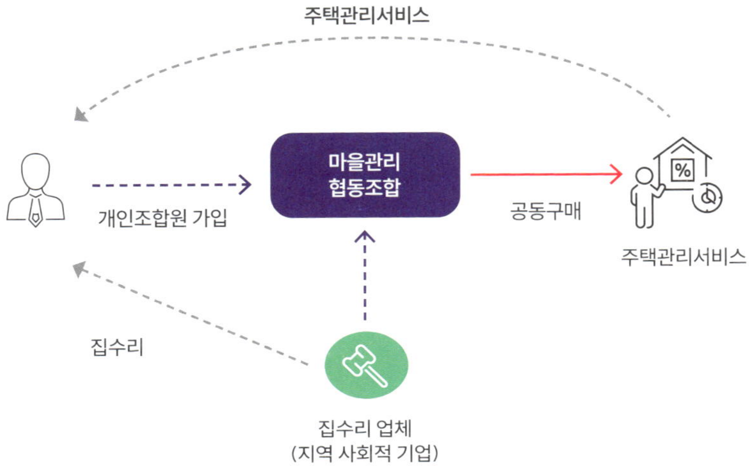

자료: 국토교통부 보도자료, 2018.12.6, 지속가능한 도시재생을 위한 마을관리 협동조합 본격 육성

앞서 언급한 바와 같이 마을관리 사회적협동조합은 국가지원 도시재생사업구역 내에서 주민을 중심으로 만들어진 국토교통부 인가 사회적 협동조합의 법인격을 가진다. 그리고 마을관리를 위한 주민 대표조직으로서 주민참여에 기반한 마을관리, 도시재생 기초생활인프라를 운영관리하며 안정적인 조합운영을 위한 비즈니스 활동을 추진한다.

마을관리 사회적협동조합이 대표성, 지역성, 공공성, 수익성 등의 조직적 특성을 균형 있게 유지하며 활동할 경우, 도시재생사업에서 주민주체로서 핵심적인 역할을 충실히 수행할 수 있다. 그럼에도 불구하고 전담조직의 만성적인 인력 부족과 전문성 제고 어려움, 현장지원센터로 대표되는 도시재생 중간지원조직의 안정적

| 마을관리 사회적협동조합의 조직적 특징

구분	내용
사업 대상	국가지원 도시재생사업구역
보유 성격	주민 대표조직(대표성) 주민참여에 기반(지역성) 기초생활인프라 운영관리(공공성) 비즈니스 활동(수익성)
법인격	사회적협동조합(국토교통부 설립인가)

자료: 이광진, 2022, 지방자치단체의 마을관리 협동조합 정책역량 분석, 사회적경제 정책리포트 Vol.14, 한국사회적기업진흥원, 7

지원 한계 및 지속가능한 운영 어려움, 국비지원 종료 후 주민조직의 거점시설 운영관리 여건 미비 등으로 인하여 지역주체들이 도시재생사업을 담당하는 데 많은 한계점이 있는 것 또한 사실이다.

이에 국토교통부는 도시재생 마을관리 사회적협동조합 육성계획 수립 이후 2019년 인천 만부마을 마을관리 사회적협동조합을 시작으로 협동조합 인가를 추진하였다. '선도 마을관리 사회적협동조합(약칭 선도조합)' 선정사업은 2021년 최초로 시행되었다. 선도조합 선정을 희망하는 26개 마을관리 사회적협동조합을 대상으로 협동조합 및 도시재생 분야 민간전문가가 서면심사·현장조사를 비롯해 조직운영 내실성, 사업모델 구체성, 실현가능성, 지자체 공공지원 충실성, 기대효과 등을 종합적으로 평가하여 '목포 1897개항문화거리, 대전 안녕마을, 부산 봉산마을, 아산 꿈자을, 청주 와우, 안양 명학, 전주 인디 마을관리 사회적협동조합' 등 최종 7곳을 우수 마을관리 사회적협동조합을 선정하였다.

또한, 한국사회적기업진흥원과 함께 주민 대상 마을조합 설립 준비 및 사업화 지원체계 구축을 위해 기초·전문교육을 운영하고, 법인 설립을 준비하고 있는 마을조합 대상 '지역기반 정책연계 창업지원사업(고용노동부 주관)'을 연계하여 마을조합 특성을 고려한 지역기반 비즈니스 발굴 및 개발 등을 지원하고 있다.

| 마을관리 사회적협동조합 관련 기관별 역할도

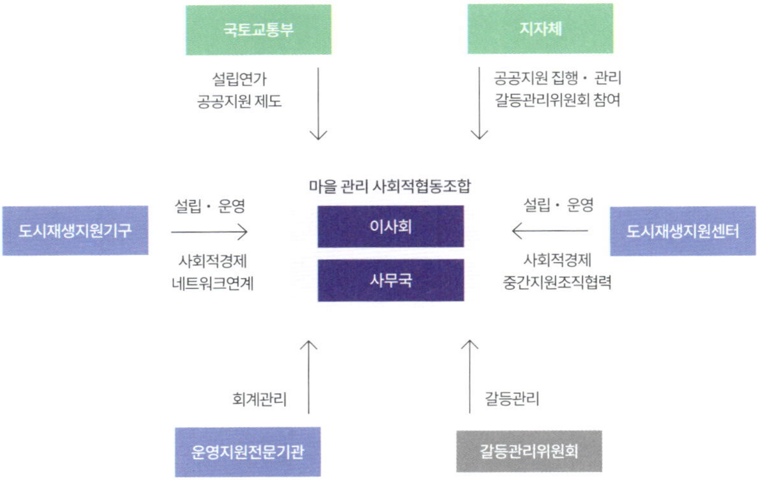

자료: 국토교통부 보도자료, 2018.12.6, 지속가능한 도시재생을 위한 마을관리 협동조합 본격 육성

마을관리 사회적협동조합의 현황과 사업유형

마을관리 사회적협동조합의 설립 현황을 살펴보면, 2019년 2개 협동조합 설립을 시작으로 2024년 현재 245곳의 협동조합이 설립되었다.

| 마을관리 사회적협동조합 연도별 설립 현황 (2024년 6월 기준)

연도	2019	2020	2021	2022	2023	2024	합계
조합수	2	27	53	64	79	20	245

자료: 도시재생종합정보체계https://www.city.go.kr/portal/business/vilmgrcoop/center/list.do

도시재생사업 유형별로는 일반근린형이 106곳으로 가장 많고 주거지지원형 48곳, 중심시가지형 35곳, 우리동네살리기형 34곳 등이다.

| 도시재생사업 유형별 선정 개수

사업 유형	우리동네 살리기	주거지 지원형	일반 근린형	중심 시가지형	경제 기반형	기타 (인정사업, 예비사업 등)
개소 수	34	48	106	35	1	21

자료:: 도시재생종합정보체계 https://www.city.go.kr/portal/business/vilmgrcoop/center/list.do

광역시도별 설립 현황을 살펴보면 경기, 전남이 27곳으로 가장 많고 충남, 경북, 경남이 각각 20곳 등으로 나타났다.

| 마을관리 사회적협동조합 광역 시도별 설립 현황 (2024년 6월 기준)

시·도	서울	부산	대구	인천	광주	대전	울산	세종	경기
조합 수	8	14	10	10	8	13	9	5	27
시·도	강원	충북	충남	전북	전남	경북	경남	제주	합계
조합 수	15	18	20	15	27	20	20	6	245

자료: 도시재생종합정보체계https://www.city.go.kr/portal/business/vilmgrcoop/center/list.do

마을관리 사회적협동조합은 도시재생사업과 도시재생 뉴딜사업의 목표 달성을 위한 새로운 형태의 협동조합이라 할 수 있다. 즉, 도시재생 뉴딜정책은 삶의 질 향상, 도시 활력 회복, 일자리 창출, 공동체 회복 및 사회통합을 목표로 하는 정책으로 많은 투자를 통한 기반은 마련되었지만 그에 대한 실효성은 지속적인 문제로 제기되었다(변혜선 외, 2020). 이에 국토교통부는 충분한 기반 시설을 이용하여 할 수 있는 5대 사업모델(거점시설 운영관리, 마을식당, 공영주차장, 시설물·주거환경 유지, 주민 차출형 태양광발전)을 기반으로 하는 사회적협동조합을 만들어 문제의 해결을 도모하고자 하였다(국토교통부·한국사회적기업진흥원, 2019). 이후 한국사회적기업진흥원은 마을관리 사회적협동조합의 지속성을 확보하기 위해서 2020년, 기존 사업유형에서 거점시설 기반 노인돌봄서비스를 추가하여 총 6개 영역의 사업모델을 개발하여 지자체·도시재생지원센터 대상 전문교육 등을 통하여 확산시킨 바 있으며, 사업모델별 가이드북을 제작하고 이를 알기 쉽게 요약하여 브로슈어를 제작하여 배포하기도 하였다.

❷ 마을관리 사회적협동조합의 긍정적 효과를 보여주는 언론보도

공동체의 구심점으로서 리빙랩의 역할

시민사회 및 사회적경제 영역의 언론에서는 마을관리 사회적협동조합을 마을공동체의 역량을 유지하기 위한 구심점으로 보는 시각이 지배적이다. 비즈니스 모델의 한계는 인식하고 있지만 가보지 못한 길, 새로운 문제해결 방식의 발굴 등을 위해서는 리빙랩 등 새로운 방식을 통하여 자구책을 마련해야 한다고 보고 있다.

"도시재생 효과 지속할 '마을관리 협동조합'

울산에서는 다양한 분야에서 리빙랩 활동 시도가 이뤄지고 있다. 특히 마을관리 협동조합들의 고민을 해결하기 위해 주민들과 함께 비즈니스 모델을 발굴하고 사업화 계획을 수립하는 활동에 초점을 맞추고 있다. 지역 문제를 정의하고 해결법을 주민과 전문가, 행정이 함께 고민하고 만들어가는 리빙랩 방법론이 문제의 성격에 부합하기 때문이다… 울산리빙랩사회적협동조합과 울산사회적경제지원센터가 협업해 도시재생 뉴딜사업 지역 리빙랩을 추진하며, 이는 각 지역별 도시재생현장지원센터와 지자체 담당부서와의 협의를 거쳐 해당 지역 주민역량 강화 사업의 일환으로 진행된다. (이하 생략)

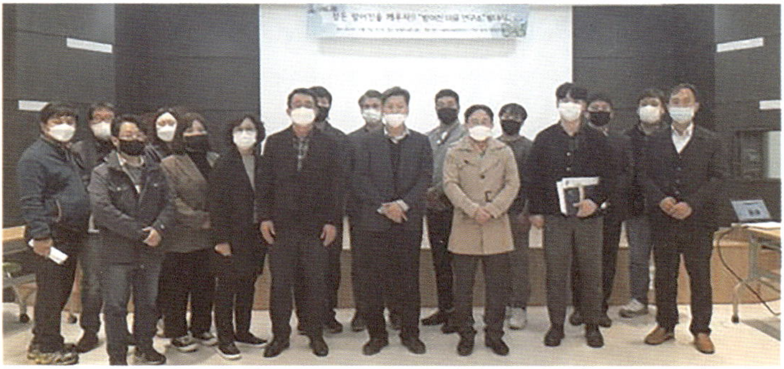

사진: 2020년 방어진 마을연구소 발대식(방어진 마을관리 협동조합)
자료: 이로운넷 2021.04.07., 도시재생 효과 지속할 '마을관리 협동조합'
(https://www.eroun.net/news/articleView.html?idxno=24132, 2024년 4월 8일 검색)

주민이 마을공동이용시설 운영 및 수익 재투자

도시재생사업을 통하여 신축되는 마을공동이용시설의 운영관리는 마을관리 사회적협동조합의 중요 사업모델 중 하나이다. 도시재생사업이 물리적인 지역의 환경 개선에 집중하는 사업이 아니라 지역주민들이 직접 마을을 관리운영하고 변화를 주도하고자 하는 목적이 크기 때문에 비즈니스형 커뮤니티 모델로서 마을관리 사회적협동조합의 역할이 특히 중요하다고 할 수 있다. 대다수의 설립 초기단계 마을관리 사회적협동조합들이 수익구조 마련을 위하여 고심하고 있으나 마을공동이용시설의 운영을 통한 수익 창출 및 수익의 지역사회 재투자가 대다수 마을관리 사회적협동조합의 궁극적인 목표라고 할 수 있다.

"주민이 마을공공시설 운영하고 수익은 동네에 재투자"

도시재생 뉴딜사업으로 만들어진 경기도 지역 1호 마을관리 협동조합 '배다리마을관리 사회적협동조합'. 원당 도시재생 지역 내에 설립된 이 협동조합은 마을문제를 스스로 해결하고 공동체 회복과 역량 강화를 통해 지역경제 활성화에 기여하기 위한 목적으로 만들어진 비영리법인이다. 도시재생사업 과정에서 결성된 자생적인 주민조직이 지속가능한 마을 발전을 도모하기 위한 비즈니스형 커뮤니티로 발전한 것. 특히 원당 배다리마을관리 사회적협동조합은 짧은 기간에도 불구하고 성공적으로 안착했다는 평가를 받고 있다.

"현장지원센터가 내년에 떠나고 나면 이제 주민들이 스스로 그 역할을 해야 하잖아요. 동네에 마련된 거점공간들을 운영할 역량도 키워야 하고 또 수익을 높여서 마을에 환원할 수 있는 구조를 마련해야 하는데 아직은 유지하기 급급한 상황이죠."

(이하 생략)

사진: 배다리 마을관리 사회적협동조합 소독방역 모습
자료: 고양신문 2021.09.27. 주민이 마을공공시설 운영하고 수익은 동네에 재투자(https://www.mygoyang.com/news/articleView.html?idxno=65291, 2024년 4월 8일 검색)

고령자 및 취약계층 일자리 창출 효과 창출

도시재생사업 지역은 주변 지역에 비하여 상대적으로 쇠퇴도가 심각하고 고령자의 비율이 높은 지역이다. 따라서 고령자들을 대상으로 한 교육 및 일자리 창출이 중요한 사업목표 중 하나이다. 다만 고령자 및 취약계층 일자리의 경우, 어르신들의 건강 및 체력 등을 고려하여 시간제 일자리 위주로 참여하는 경우가 많다. 경제적인 효과뿐만 아니라 소일거리를 하게 되는 어르신들의 신체적인 건강상태 유지 및 커뮤니티 활성화 효과까지 제고가 가능하다.

"화투로 소일 할머니들, 묵 쒀팔아 대박"

할매묵공장은 영주시 구성마을 할머니들이 마을 앞 야산에서 흔히 나는 도토리를 주워 묵을 쑤어먹던 데서 시작했다. 마땅히 할 일이 없어 삼삼오오 모여 화투나 치며 소일하던 할머니들 사이에서 평소 솜씨를 살려 묵을 쒀 팔자는 아이디어가 나왔다. '그게 될까' 했는데 의외로 반응이 좋았다. 내친김에 할머니 16명이 의기투합해 사회적 협동조합을 만들고 본격적으로 묵과 두부를 생산하기 시작했다. 영주시가 도시재생사업의 하나로 2017년 3월 만들어준 묵 공장이 터전이 됐다. 대지 424㎡, 건축면적 122㎡ 규모의 아담한 공장이었다. … 할매묵공장은 매달 수익금의 10%씩을 적립해 주거 취약지역의 집수리와 독거노인의 식사 나눔사업에 지원하는 등 지역사회 공헌에도 앞장서고 있다. … 그러는 동안 할매묵공장은 할배목공소와 함께 마을기업 최우수상, 균형발전 우수가례, 지방정부 정책대상 우수상 등 각종 상을 휩쓸며 일약 도시재생의 선진 모델로 우뚝 섰다. 1년이면 1천 명이 넘는 도시재생 관계자들이 벤치마킹을 위해 멀리 이곳 산골 오지까지 찾아왔다.

(이하 생략)

사진: 할매묵공장 전경
자료: 연합뉴스 2023.7.22. [도시재생 현장을 가다] ⑩화투로 소일 할머니들, 묵 쒀팔아 대박(https://www.yna.co.kr/view/AKR20230720037700055, 2024년 4월 8일 검색)

❸ 마을관리 사회적협동조합 우수 추진사례

건맥1897협동조합(전남 목포시)

건맥1897협동조합은 전남 목포 만호동 건해산물상가거리에서 183명의 지역주민이 공간을 함께 소유하고 전국 최초의 마을펍인 1897건맥펍과 건맥스테이 사업을 운영해나가는 협동조합이다. 2019년 건맥(건어물+맥주)축제의 성공적 개최가 기폭제가 되어 건해산물로 만든 안주와 맥주를 파는 1897건맥펍, 오래된 여관을 개조해 아담하고 포근한 쉼터를 제공하는 건맥스테이 운영을 통하여 건맥1897을 지역특화 브랜드로 만들어 지역의 일자리 창출과 골목상권 활성화를 이끌고 있다.* 건맥1897협동조합은 주민이 소유하고 주민이 운영하는 전국 최초의 마을펍&호스텔(게스트하우스)로서 의의가 있다.

| 건맥1897협동조합 로고(좌) 및 건맥1897건맥펍 전경(우)

자료: (https://pub1897.imweb.me/coop_intro, 2024년 5월 12일 검색)

* 건맥1897협동조합

2021년에는 행정안전부 전라남도 마을기업으로 선정되었으며, 2019년 주주파티로 시작해 2021년 목포 원도심의 대표 마을축제인 '토야호(土夜好)'를 건해산물거리에서 35회 이상 개최하였으며, 상가 여유공간을 이용해 맥주·건어물을 판매·전시하고, 주변 상인들이 직접 건어물 소포장 작업 및 점포 화장실을 무료로 개방하는 등 시민주도형 축제로 운영해 왔다. 이러한 건맥1897협동조합의 지역활성화 기여 성과를 인정받아 2021년에는 행정안전부 우수마을기업으로 선정되기도 하였다.

서울 도시재생 사회적협동조합(서울시 중구)

서울 도시재생 사회적협동조합(Seoul CRC)은 2016년부터 2020년까지 진행된 '서울역 일대 도시재생사업'의 성과를 기반으로 지속적인 도시재생사업 추진을 목표로 2018년 12월 창립하였다. 현재 협동조합은 서울역 일대 도시재생 거점시설을 서울시로부터 민간위탁받아 운영 중이며, 서울로 7017 운영관리를 통해 서울역 일대 도시재생의 전반적인 비전을 만들어가고 있다. 또한 지속적인 공공공간의 창의적인 활용을 통해 공간 기반 도시재생 기업으로서 도시재생과 도시관리 분야에 활력을 불어넣고자 하였다.*

2020년부터 코로나 19로 인해 대부분의 공공시설이 폐쇄되거나 휴관이 결정되면서 도시재생사업으로 조성된 앵커시설이 미이

* 서울 도시재생 사회적협동조합 (https://seoulcrc.com/47, 2024년 5월 12일 검색)

| 서울 도시재생 사회적협동조합 운영관리 공간

중림창고

은행나무집

계단집

회현사랑채

빌라집

감나무집

러닝러닝센터

자료: https://seoulcrc.com/business1

용된다는 비판이 제기되기도 했으나, 꾸준히 서울역 일대 도시재생 거점시설에 대한 사용 수익 허가 협약을 통하여 운영관리를 담당하고 있다. 뿐만 아니라 서울 도시재생 사회적협동조합은 그간 도시재생, 주민자치, 사회적경제, 민관 거버넌스 등 다양한 정책현장의 경험 및 인사이트를 집약한 교육 프로그램과 현장의 상황에 알맞은 교육사업을 추진 중이다. 또한 교육에만 머무르지 않고 현장의 '문제정의'와 '역량진단', '맞춤학습'에 이은 코칭과 컨설팅까지 실효성 높은 프로그램으로 활동가의 성장을 돕고 있다(서울역 도시재생 사회적협동조합 홈페이지).

2

주민협의체는 마을관리 사회적협동조합으로 발전할 수 있고 그렇지 않을 수도 있다

❶ 지금까지의 현황

가이드라인을 통한 마을관리 사회적협동조합 설립 지원

마을관리 사회적협동조합 설립 절차를 살펴보면, 주민협의체 육성팀은 조합설립 준비과정을 주민협의체와 공유하고 논의하며, 설립 이전 단계부터 주민협의체와 마을관리 협동조합과의 유기적 관계 형성을 도모해야 한다. 그리고 도시재생 마을관리 사회적협동조합 육성 및 공공지원 가이드라인(2021)에서는 마을관리 사회적협동조합이 지역사회의 대표성 및 공공성을 담보하기 위하여 설립과정에서 발기인 및 설립동의자의 다수를 주민협의체로 구성하고, 운영과정에서 지역사회의 다양한 이해관계자들의 참여 및 일정 규모 이상의 조합원들을 확보하는 과정을 포함하도록 하고 있다. 따라서 도시재생 사회적협동조합의 성격은 주민협의체와 추후 포함되는 조합원과의 관계 등에 따라 규정되고 변화되기도 한다.

마을관리 사회적협동조합 설립 및 운영과정에서는 다수의 주민들이 조합원으로 활동하기 때문에 항상 갈등이 발생할 소지가 있다. 따라서 운영과정에서 의무적으로 갈등관리위원회를 두도록 하여, 일부 조합원에 의하여 활동 방향이 편향되지 않고 조합원들의 의견이 고루 반영되도록 하고 있다. 또한 도시재생지원기구는 매년 정기 모니터링을 통하여 운영 부실과 낮은 이용률 등을 제고하기 위해 실무회의를 거쳐 사업을 관리하고 있다. 이처럼 마을관리 사회적협동조합이 주민 대표성을 담보하면서 지속적으로 사업을 추진할 수 있도록 다각적인 지원 및 감시체계가 갖추어져 있다. 그럼에도 불구하고 역량 강화 및 지역사회의 지지 확보 등에서는 한계에 부딪히는 조합이 많은 것 또한 현실이다.

사업지별 상이한 여건에 대한 대응 미흡

주민협의체가 도시재생의 목적 및 취지에 부합하게 활동하여 궁극적으로 마을관리 사회적협동조합이 되는 방향은 이상적이지만, 반드시 모든 주민협의체가 마을관리 사회적협동조합을 지향할 필요는 없다. 그러나 현재 우리나라 도시재생정책의 추진과정에서는 주민협의체는 궁극적으로 마을관리 사회적협동조합으로의 조직화를 목표로 활동을 추진하도록 정책 방향을 제안해 왔다.

우선 도시재생사업 선정 및 단계별 평가과정에서 도시재생 거버넌스를 진단하며, 마을관리 사회적협동조합의 준비 수준을 평가한다. 협동조합의 준비 수준이 미흡하거나 계획이 구체화되어 있지 못할 경우 낮은 평가를 받을 수 있기 때문에 사업 추진단계에 맞추어 의무적으로 마을관리 사회적협동조합의 설립 절차를 밟아나가지 않을 수 없었다. 이 과정에서 당초 취지에 비하여 역량이 부족하거나 방향성이 맞지 않는 조합이 설립되어 운영관리 주체로서 역할을 하지 못하는 문제 등이 발생할 여지가 생길 수밖에 없다.

현재 언론보도 등에서 가장 많은 질타를 받고 있는 도시재생 거점시설 운영미비 사례를 사업관리 주체의 문제와 연관지어 일부 설명이 가능하다. 현재 많은 언론에서는 도시재생사업 이후 준공된 거점시설들이 미운영되는 사례가 전국적으로 발생하고 있다고 밝히고 있다. 낮은 시설 이용률과 재정자립도 등의 이유로 수익성이 떨어지는 거점시설을 운영하지 않는 경우가 많다는 것이다. 도시재생사업을 통한 거점시설들은 애초에 주민공동체를 위한 커뮤니티 공간, 마을카페, 공유부엌 등의 용도가 대다수이고 주차장, 대관 등 일부 고정수익모델을 갖추고 있는 경우가 있으나 운영관리비 충당 수준이라고 할 수 있다. 이러한 거점시설의 운영관리를 대부분 지자체와 주민을 중심으로 한 마을관리 사회적협동조합이 담당하는 경우, 수익성과 공익성을 동시에 달성해야 하는 협동조합의 입장에서는 상당한 부담이 될 수밖에 없다. 전문성을 제고하여 자체 수익모델을 갖추면 이상적이겠으나 일반 주민들로 구성된 협동조합 입장에서는 수익성보다는 지역 대표성과 주민참여라는 공익적 측면의 성과가 더 인정받을 수 있길 바라는 입장이다.

❷ 마을관리 사회적협동조합의 한계점을 보여주는 언론보도

앞서 언급한 바와 같이 마을관리 사회적협동조합은 도시재생 사업의 일환으로 구성되는 주민중심 사업조직으로, 도시재생사업의 지속성을 확보하고 수익을 개발하는 데 목적이 있다. 따라서 국비지원 기간 동안 조합 설립 지원금, 초기 시범사업 비용 등을 지원받아 자립을 준비한다. 그러나 정부지원금이 끊기면 공과금, 인건비 등 최소한의 운영관리 비용조차 충당이 어려운 재정적 어려움을 호소하는 협동조합이 나타난다. 이러한 문제는 실제 마을관리 사회적협동조합이 비영리 주민조직이라는 한계점이 뚜렷하고 이를 극복하는 데 상당한 어려움이 있기 때문으로 생각된다.

> **"병영 마을관리조합 1년 반 만에 폐지수순"**
>
> 울산 중구 병영 마을관리 사회적협동조합(마을관리조합)이 운영 1년 반 만에 폐지 수순을 밟고 있다. 울산 마을관리조합의 첫 폐지 사례로, 지역 내 타 마을조합들도 재정상 어려움, 전문성 결여 등을 호소하고 있어 사업 연속성에 우려가 제기된다.… 실제 산전마루 건물이 조성된 산전마을은 유동인구가 많지 않고 인근 주민의 연령층도 높아 카페나 공방 등의 이용이 저조할 것이란 지적이 초반 제기됐다. 그럼에도 준공 후 산전마루 2층에 울산 최초 만화도서관이 조성, 개관 6개월여 만에 방문객 1만여 명을 넘어서는 등으로 활성화가 기대됐으나 같은 건물 내 카페와 구판장은 크게 수익을 나타내지 못한 것으로 나타났다.… 이에 병영 마을관리협동조합은 초반 마을기업육성사업 지원금 5000여만 원이 소진되자 건물 운영만큼의 수익 창출이 어렵다고 판단해 결국 올해 1월 폐지 신청을 접수했다.
>
> (이하생략)
>
> 자료: 경상일보, 2023.5.22. "병영 마을관리조합 1년 반만에 폐지수순"
> (https://www.ksilbo.co.kr/news/articleView.html?idxno=970305, 2024년 4월 8일 검색)

최근 언론보도 등에 따르면 지역수요 및 운영관리 역량에 대한 면밀한 분석 없이 도시재생 거점시설을 준공하여 운영관리가 적절히 이루어지고 있지 못하다는 지적이 있다. 거점시설 문제가 마을관리 사회적협동조합의 문제로 직접 귀결되는 것은 아니지만, 대다수의 도시재생 거점시설의 운영관리 역할을 마을관리 사회적협동조합이 담당한다는 측면에서는 이 문제를 주목할 필요가 있다.

"방치되고 있는 전주시 도시재생 주민 거점 공간, 원인은?"

26일 전주MBC는 전주 서학동 예술마을과 팔복동 추천마을에서 방치되고 있는 거점 시설 등을 언급하며 "전주시 소재 도시재생 거점시설 15곳 중 운영을 하지 못하고 있는 곳은 모두 5곳, 이 시설들을 짓는 데만 57억 원이 넘는 돈이 들었는데 공동체 회복 등 본래 취지를 살리기는커녕 일부 지역에는 재개발이 추진된다는 소문까지 들려오는 실정"이라고 보도했습니다.… 29일 JTV전주방송은 "2027년까지 9개 지역에서 도시재생사업이 마무리되면 24개의 주민 거점시설이 추가로 조성된다."라며 앞으로의 대책 마련 필요성을 언급했습니다.

(이하 생략)

사진: 2023년 10월 26일 자 전주MBC 뉴스데스크 보도 화면 편집
자료: 전북의 소리 2023.10.30. 방치되고 있는 전주시 도시재생 주민 거점 공간, 원인은?
(https://www.jbsori.com/news/articleView.html?idxno=12531, 2024년 4월 8일 검색)

부산 서구의 '남일이네 생선가게'처럼 정부지원금을 받으며 지역 봉사활동을 추진하고 이를 넘어 마을 발전을 위해 주민사업조직인 마을기업을 만들어 주민소득 창출에 기여하기도 하였으나, 수익성이 악화되어 사업이 어려워지면서 서구청에서 더 이상 위탁기간 연장을 하기 어려워진 사례도 있다.

"도시재생 성공작 '남일이네 생선가게' 문 닫았다"

부산 서구의 도시재생사업의 우수사례로 꼽혔던 '남일이네 사랑의 생선가게(이하 남일이네 생선가게)'가 영업을 중단했다. 전문가들은 마을기업들이 사업비 지원 중단 후에도 성공적으로 자립하기 위해서는 주민들의 사업 역량을 강화할 필요가 있다고 지적한다.… 사업비 지원이 중단된 2017년부터 점점 수익이 나지 않는 등 상황이 악화됐다. 게다가 회계업무를 맡던 직원이 퇴사하고 조합원이 이를 대행하는 등 인력 문제도 있었던 것으로 관계자들은 보고 있다. 마을기업을 지원·관리를 담당하는 서구청 관계자는 "아무래도 주민들이 생업을 하시면서 생선가게를 운영하고 전문가가 아니다 보니 사업을 다각화해 수익을 창출하기는 어려움이 있다"고 말했다.

(이하 생략)

자료: 부산일보, 2019.6.4. "도시재생 성공작 '남일이네 생선가게' 문 닫았다" (https://www.busan.com/view/busan/view.php?code=2019060419183322637, 2024년 5월 6일 검색)

❸ '주민주도'에 대한 오해를 해소하기 위한 노력

마을관리 사회적협동조합을 둘러싼 녹록지 않은 내외부 사정에도 불구하고, 협동조합을 바라보는 많은 이들의 시선은 따뜻하지 않다. 조합의 공정성과 대표성에 문제를 제기하기도 하고, 수익이 나지 않는 활동에 정부예산을 왜 지출해야 하는지 공격을 하기도 한다. 이러한 많은 논란과 이해관계자 다수의 갈등 문제를 속 시원하게 해결하기는 어렵겠지만, 서울시에서 발간한 '서울특별시 도시재생사업 주민협의체 핸드북 v.01'은 일반인과 주민들의 시각에서 많은 오해를 해소하기 위한 노력의 일환으로 주목할 만하다.

서울시는 서울형 2단계 도시재생활성화지역사업을 진행하면서 주민협의체와 도시재생(현장)지원센터 등의 이해관계자 사이에 다수의 갈등을 해결할 목적으로 '서울특별시 도시재생사업 주민협의체 핸드북 v.01'을 발간하였다. 핸드북은 대상지의 주민들에게 도시재생의 의미와 주민협의체 운영체계와 주민의 의미, 특히 주민협의체 임원진들이 알아야 할 주요사항을 포함하고 있으며 지역 도시재생지원센터에 무료로 다량 배포했다.

이 소책자에는 무엇보다 사업 시행에 따른 이해관계자 간의 갈등의 주된 원인인 '주민주도'의 의미를 주민들의 눈높이에 맞게 설명하고 있다. 일례로 다수의 대상지에서 갈등의 원인을 제공하는 내용인 마중물사업비 100억 원은 주민들 마음대로 사용하는 것이 아니라는 점, 사업의 예산권이 지방자치단체와 자치구에 있으며, 그 예산을 주민에게 직접 교부하는 것도 아니라는 점 등 주민들의 오해로 인해 빈번하게 문의하는 질문 12개를 QnA 형태로 정리하고 있다.*

| 서울특별시 도시재생사업 주민협의체 핸드북 일부

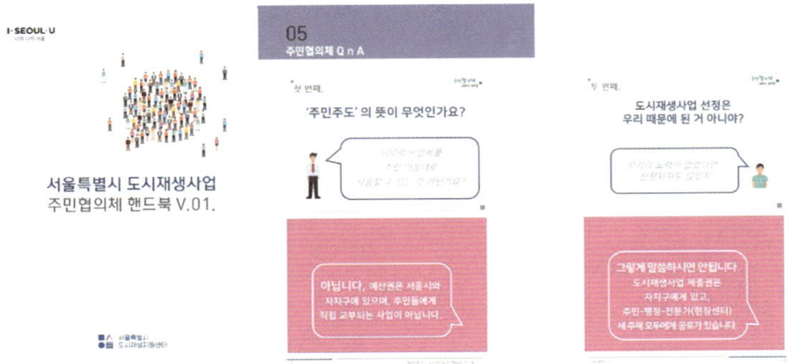

자료: 서울특별시 도시재생지원센터, 2019, 서울특별시 도시재생사업 주민협의체 핸드북 V.0.1.,12-13

주민참여는 정책의 직접적인 수혜대상자인 주민의 이익을 위해 관료와 지식인뿐 아니라 보다 직접적으로 주민들의 이해관계를 반영하고자 하기 위함이며, 실행이라는 측면에서 절차적 정당성 확보 및 실행가능성을 높이고, 더 나아가 주민들 스스로 서로 협력할 수 있는 자치공동체를 형성하는 민주적 거버넌스 체계라 할 수 있다.

---

* 서울특별시 도시재생지원센터, 2019, 서울특별시 도시재생사업 주민협의체 핸드북 V.0.1조민경·장교식, 2022, "도시재생에 따른 도시재생지원센터와 주민협의체의 개선방안 연구", 일감부동산법학 제24호, pp.295-329

도시재생사업뿐만 아니라 많은 지역사업에서 주민참여의 필요성 및 중요성에도 불구하고, 대부분의 주민들은 참여 의지가 낮고 참여에 필요한 지식, 기술, 시간, 자원이 부족한 경우가 많다. 때로는 무임승차를 하기도 한다. 또한 주민참여가 다수의 주민에게 이익이 고루 배분되기보다 일부 집단의 이익이 과하게 대표되어 주민참여가 불평등을 심화시킬 수도 있다. 도시재생사업에서의 주민협의체 구성과 활동, 이를 통한 마을관리 사회적협동조합의 구성은 주민참여의 단계 중에서도 상당히 고도화된 단계라고 할 수 있다.

지속가능한 도시재생을 위하여 주민협의체가 주민대표자로서 공공성과 전문성을 갖추어 주민협력을 이끌어가야 지역주민들과 공감대 형성이 가능할 것이며, 마을관리 사회적협동조합 역시 사업조직의 특성을 고려하여 적합한 역량과 조건이 갖추어진 상태에서 설립될 필요가 있다. 그리고 도시재생사업으로 조성된 모든 거점시설은 지역주민 주도의 사회적경제조직이 운영해야 한다는 강박관념에서 탈피할 필요가 있다.* 사회적경제조직이 지역사업과 공동체 형성을 위한 대안 중 하나이기는 하지만, 도시재생사업으로 준공한 모든 시설을 마을관리 사회적협동조합 방식으로 운영할 수는 없다. 공공 성격이 강한 시설은 지방자치단체가 직접 운영관리하고 전문성이 강한 시설은 전문기관에 위탁 운영하는 것이 바람직하다.

---

* 서수정·성은영, 2018, "도시재생 활성화를 위한 주민참여 기반 사회적경제조직의 역할과 지속가능성", 공간과 사회 28(3), 한국공간환경학회, p.41

주민주도 도시재생사업의 오해와 진실

도시재생사업의 주민협의체를 바라보는 두가지 시각. 첫번째,

“ 주민협의체는 마을관리 사회적협동조합으로 발전해야 한다 ”

도시재생사업은 도시정비와 달리 쇠퇴한 지역을 물리적·경제적·사회문화적으로 개선하고 새로운 경제활력을 일으키는 종합개발사업이다. 이 중에서도 특히 거주자 중심의 지역공동체가 자력기반을 확보하여 지역활성화의 주체가 되어 지속가능한 지역주도 운영관리를 목표로 한다는 점이 특징이다. 지난 10여 년간 전국적으로 도시재생사업을 추진하면서 주민참여의 결실로 지역주민들로 구성된 마을관리 사회적협동조합이 200여 곳 이상 신설되었으며, 현재 대다수의 도시재생사업 지역에서 주민협의체를 기반으로 협동조합으로의 조직화 과정을 거치고 있다. 주민협의체를 대상으로 한 주민교육, 공모사업 추진 및 사업 추진에서의 참여과정을 통해 지역의 잠재된 인적자원이 발굴되고 주민들은 역량강화 과정을 통해 사업조직으로 진화하는 체계가 갖추어졌다는 점은 매우 긍정적인 부분이다. 한국사회적기업진흥원에서 제시한 ‘거점시설 운영관리, 마을식당, 공영주차장, 시설물·주거환경 유지, 주민 차출형 태양광발전, 거점시설 기반 노인돌봄서비스’ 등 마을관리 사회적협동조합의 대표적인 사업모델뿐만 아니라 지역의 수요에 대응할 수 있는 다양한 사업에 대한 도전을 통하여 마을관리 사회적협동조합이 지역주체로서 지속적으로 성장 발전할 수 있을 것이라 기대된다.

새로운 세대를 위한 도시재생

도시재생사업의 주민협의체를 바라보는 두가지 시각. 두번째,

“주민협의체는 마을관리 사회적협동조합으로 발전할 수 있고 그렇지 않을 수도 있다”

주민협의체가 도시재생의 목적 및 취지에 부합하게 활동하여 궁극적으로 마을관리 사회적협동조합이 되는 방향은 이상적이지만, 반드시 모든 주민협의체가 마을관리 사회적협동조합을 지향할 필요는 없다. 그러나 현재 우리나라 도시재생정책 추진과정에서는 주민협의체는 궁극적으로 마을관리 사회적협동조합으로의 조직화를 목표로 활동을 추진하도록 정책 방향을 제안해 왔다. 따라서 많은 지자체에서는 도시재생사업 종료 이후 사업의 주요 거점시설에 대한 운영관리, 프로그램 운영, 집수리사업을 도시재생사업을 통하여 육성한 마을관리 사회적협동조합이 맡도록 준비 중이다. 그러나 지자체의 여건 및 도시재생사업의 성격에 따라 마을관리 사회적협동조합이 주체적인 역할을 담당할 필요가 없거나, 역할이 필요하다고 하더라도 협동조합의 준비가 미흡하여 시간이 필요한 곳도 많다. 따라서 모든 지자체가 동일하게 주민협의체를 구성하여 마을관리 사회적협동조합을 구성하는 것을 목표로 할 필요는 없어 보인다. 지자체 및 사업 여건에 맞게 주민참여의 수준을 ‘주민 협력조직’인 주민협의체까지 할지, ‘주민 사업조직’인 마을관리 사회적협동조합까지 할지는 지역에서 판단할 몫이라 할 수 있다.

3

주민주도 도시재생사업의 참 의미와 성과

지난 10여 년간의 도시재생사업 추진주체 육성과정을 살펴보면, 도시재생 뉴딜정책 추진 이전은 도시재생 거버넌스의 기반을 구축하기 위한 다양한 시도가 이루어졌던 시기라고 할 수 있다. 그리고 2017년 이후는 '도시재생 뉴딜 로드맵(2017)'에서 5대 추진과제 중 하나로 언급한 '풀뿌리 도시재생 거버넌스 구축'의 목표가 지역의 도시재생 거버넌스 기반 구축과 확대, 지역주체 역량 강화를 통하여 상당 부분 달성된 시기라고 생각된다. 지역의 관점에서 도시재생사업은 지역발전을 위한 다양한 사업 중 하나이다.

여타 다른 지역발전사업들과 마찬가지이겠지만 도시재생사업은 특히 다양한 방식을 통하여 지역주체의 역량 강화와 육성을 제도화하였다는 특징이 있으며 소기의 성과도 가시화되고 있다. 따라서 도시재생사업을 기회로 육성된 다양한 분야의 지역주체들이 도시재생사업을 포함한 또는 새로운 분야의 지역발전사업의 참여주체로서 역할을 확장할 수 있도록 정책적 검토가 필요한 시점이다. 이를 위해서는 크게 두 가지 시각에서 주민주도에 대한 정책적 고려가 필요하다.

이를 위해서는 우선 주민협의체 등의 주민조직 중심으로 구성되어 실질적인 도시재생 거점시설의 운영관리 및 마을관리를 전담하는 마을관리 사회적협동조합의 실질적인 사업화 지원 및 지역사회 환원 방안 마련이 필요하다. 도시재생사업에서는 사업 운영관리를 위한 운영관리 주체 발굴과 역량 강화, 이를 위해 도시재생회사 혹은 사회적경제조직의 설립과 시범운영 등 사전 준비가 필수적으로 요구된다. 따라서 이러한 주체들이 사업을 운영할 수 있도록 관리비용 충당 방안과 사업성 있는 비즈니스 모델 개발, 전문적 홍보 및 마케팅 방안 마련 등 운영관리에 대한 구체적인 수립 후 실제 마을관리 사회적협동조합 설립의 필요성 및 적절성을 판단하여 사업조직 구성이 이루어져야 한다.

앞서 언급한 바와 같이 모든 지자체가 동일한 수순으로 주민협의체를 구성하여 마을관리 사회적협동조합을 구성하는 것을 목표로 할 필요는 없어 보인다. 지자체 및 사업 여건에 맞게 주민참여의 수준을 '주민 협력조직'인 주민협의체까지 할지, '주민 사업조직'인 마을관리 사회적협동조합까지 할지는 지역에서 판단해야 할 사항이다.

도시재생 뉴딜사업에서는 사회적기업진흥원을 도시재생지원

기구로 지정하여 마을기업 및 사회적기업 컨설팅, 마을관리 사회적협동조합 인증, 모델 발굴 및 육성 등의 지원사업을 추진하였다. 향후에도 사회적기업진흥원 등의 도시재생지원기구가 지자체 전담조직 및 광역 및 기초 중간지원조직과 함께 국비지원 종료 후 지속적으로 지역주체에 대한 사업관리 및 모니터링을 담당하여 마을관리 사회적협동조합 등의 마을조직들이 지역발전을 위한 전문조직으로 자리매김할 수 있길 바라며, 마을관리 사회적협동조합이 없는 지자체에서도 우수한 지역 유관조직, 사회적경제조직 및 민간영역에서 지역주도의 사업주체로서 활동할 수 있길 기대한다.

참고문헌

단행본 및 논문

관계부처 합동, 2017, 내 삶을 바꾸는 도시재생 뉴딜 로드맵.

국토교통부 보도자료, 2018.12.6, 지속가능한 도시재생을 위한 마을관리 협동조합 본격 육성.

국토교통부, 2019a, 도시재생 뉴딜사업 중심시가지형·일반근린형 활성화계획 수립 및 사업시행 가이드라인.

국토교통부, 2019b, 도시재생 마을관리협동조합 육성 및 공공지원 가이드라인.

국토교통부·한국사회적기업진흥원, 2021a, 마을관리 사회적협동조합 설립지원 가이드북.

국토교통부·한국사회적기업진흥원, 2021b, 도시재생 마을관리 사회적협동조합 육성 및 공공지원 가이드라인(온라인 설명회 자료, 2021.6).

국토교통부·한국사회적기업진흥원, 2022, 마을관리 사회적협동조합 A부터 Z까지(정관의 이해편).

김하윤·박태원, 2021, "서울시 근린재생형 도시재생사업 주민협의체 운영의 만족도 분석과 개선방안 연구", 도시재생 7(2), 5-24.
변혜선, 2020, 지속가능한 도시재생사업을 위한 마을관리협동조합 운영방안, 충북연구원.
서수정·성은영, 2018, "도시재생 활성화를 위한 주민참여 기반 사회적경제조직의 역할과 지속가능성", 공간과 사회 28(3), 한국공간환경학회.
서울특별시 도시재생지원센터, 2019, 서울특별시 도시재생사업 주민협의체 핸드북 V.0.1.
이광진, 2022, 지방자치단체의 마을관리협동조합 정책역량 분석, 사회적경제 정책리포트 Vol.14, 한국사회적기업진흥원,
조민경·장교식, 2022, "도시재생에 따른 도시재생지원센터와 주민협의체의 개선방안 연구", 일감부동산법학 제24호, 295-329.
한연오·박태원, 2019, "도시재생실현기법으로서 타운매니지먼트 구성요소 탐색과 중요도 및 우선순위 분석", 도시설계 20(2), 47-64.

법령

「도시재생 활성화 및 지원에 관한 특별법」
「협동조합기본법」

언론보도

고양신문 2021.09.27. 주민이 마을공공시설 운영하고 수익은 동네에 재투자(https://www.mygoyang.com/news/articleView.html?idxno=65291, 2024년 4월 8일)
경상일보, 2023.5.22. "병영 마을관리조합 1년 반만에 폐지수순"(https://

www.ksilbo.co.kr/news/articleView.html?idxno=970305, 2024년 4월 8일)

부산일보, 2019.6.4. "도시재생 성공작 '남일이네 생선가게' 문 닫았다" (https://www.busan.com/view/busan/view.php?code=2019060419183322637, 2024년 5월 6일 검색)

연합뉴스 2023.07.22. [도시재생 현장을 가다] ⑩화투로 소일 할머니들, 묵 쒀팔아 대박 (https://www.yna.co.kr/view/AKR20230720037700055, 2024년 4월 8일 검색)

이로운넷 2021.04.07., 도시재생 효과 지속할 '마을관리 협동조합' (https://www.eroun.net/news/articleView.html?idxno=24132, 2024년 4월 8일 검색)

전북의 소리 2023.10. 30. 방치되고 있는 전주시 도시재생 주민 거점 공간, 원인은? (https://www.jbsori.com/news/articleView.html?idxno=12531, 2024년 4월 8일 검색)

인터넷 자료

건맥1897협동조합 (https://pub1897.imweb.me/coop_intro, 2024년 5월 12일 검색)

도시재생종합정보체계 (https://www.city.go.kr/index.do, 2024년 3월 31일 검색)

서울 도시재생 사회적협동조합 (https://seoulcrc.com/introduction2024년 5월 12일 검색)

우리 국토·정책 시리즈 10

RE-GENERATION FOR NEW-GENERATION

새로운 세대를 위한 도시재생

저자 박정은, 임상연, 김태영, 김유란, 박성경

발행인 심교언

발행처 국토연구원

출판등록 제 2017-9호

인쇄 2024년 10월 초판 인쇄 **발행** 2024년 10월 초판 발행

주소 (30147) 세종특별자치시 국책연구원로 5

전화 044-960-0114

팩스 044-211-4170

홈페이지 http://www.krihs.re.kr(국토연구원)

디자인 말리북

가격 20,000원

ISBN 979-11-5898-955-2

Printed in Korea